STREET MBA

街頭商學院

商學院

企 管 顧 問 的 江 湖 筆 記

悅智全球顧問公司總經理 **游森楨**——著

紀念我那謙沖為懷、義行善舉的永遠老闆

黃河明 博士

感謝他滋養我在顧問領域的奇幻旅程，並豐富我的人生

Contents

第一章
轉職、創業,或繼續?

第五章
創新的生意模式

第六章
業績成長

有畫面與溫度的管理教材

司徒達賢

政治大學名譽及講座教授

　　企業管理是一門必須結合實務與理論的學問，尤其「管理」與「策略」這類課程，僅介紹各家學理是不夠的。上課時必須運用個案研討的方式，以具有相當深度的個案教材為基礎，在師生之間及學生之間的互相討論中，才能使年輕的學生或有經驗的學員，逐漸體會到管理理論的價值。經由主持個案討論，教師們也才有機會認識到各行各業的運作方式、每一位學生或學員在思維邏輯上的特色、發言中值得大家分享的寶貴經驗或思慮不周全之處。經由主持個案討論，教師也得以從中反省自己知識的不足，以及現有學理可以如何補強。

　　然而大部分個案，可能假設學員已經擁有若干實務經驗，因此在許多「細節」上並未描述得很清楚。如果學生能對這些與管理作法或學理有關的「細節」有足夠掌握，在理論與實務的融合上必然更加如虎添翼。

　　游森楨總經理的大作《街頭商學院》，是一本有「畫面」、

有溫度，在許多「細節」的說明上極有啟發性的管理教材，尤其以「小說體」呈現，更提高了本書的可讀性與趣味性。

就以「策略制定」為例。我們知道產業的特性與趨勢、顧客需求、競爭者定位等，都是制定策略時的重要考慮因素。這本書從管理顧問的經驗與觀點，描述如何經由網路及訪談，有效蒐集產業資料的過程，以及如何有系統地發掘顧客的「痛點」、如何從供應商或通路訪談中，瞭解「客戶的客戶」之需求，及「焦點團體」的運用等，並進而構思企業本身「價值創造」的方向與重點。

以上這些「細節」，雖然有些在撰寫個案或進行質性研究時，可以觀察體會，但卻很少呈現在個案文本中。本書補足了這方面的不足，也提高了讀者對真實世界的認識。本書中報導了對兩家連鎖檳榔攤老闆與從業人員的訪問與觀察，生動又有趣，就是一個例子。此外，經由訪談與參觀供應商以推估競爭者的策略等作法，對實際的策略制定，也很有參考價值。

不同發展階段的企業，策略考量是不同的。本書也用不同企業為背景，說明創業初期、企業轉型、合資企業等各自的策略思考角度，除願景與價值之外，還包括機構間之合作與資源爭奪、當事人之立場與顧慮、募資過程中各方之心態，及合作廠商之運作方式與管理風格的影響力。

至於書中談到的商業計劃書之格式與內容、企業在交易與合作過程中，對智財權的探聽與保護、顧問合約的內容重點等，對企業經營成敗都有影響，但這些在學校裡通常都不在教學範

圍之內。

由於本書以小說方式呈現，因此對「人」的問題，也有不少描述，例如人與人之間的感情、衝突與鬥爭，以及高階主管之去留、事業與家庭的平衡等。此外，本書亦展現了如何在觀察、參與及互動中，瞭解人性或「管理藝術」，同時也提醒在商場應對中，如何堅守原則又兼顧身段的柔軟。

本書作者從一位剛畢業的 MBA，進入職場後，以「遠離人間煙火」的學校教育為基礎，一步一步成長為深受肯定的資深管理顧問。作者分享了其間蛻變的心路歷程與個中滋味，這些對年輕的 MBA 們，也很有參考價值。

本書中，主角「Q」的老闆「黃艷文」，雖非真名，但因書中已將其經歷完整報導，很多人都會知道他是何許人。「黃艷文」和我小學同班五年，不僅長期擔任班長，而且年輕時我們曾一起玩過各種球類。從本書中，我對他的領導風格、培訓新人的愛心與技巧，以及在創辦與領導管理顧問公司時的各種創意與堅持，有了更深入的瞭解，也更增加了我對他的敬佩。

他山之石，可以攻錯

沈柏延

大同集團總經理、
大世科董事長及中華民國資訊軟體協會理事長

　　游總經理森槙兄和我認識超過 15 年，緣起於與悅智全球顧問公司黃河明前董事長的合作，由於黃董事長是我們資訊界的前輩，他旗下許多優秀顧問都對資訊服務業有深厚瞭解，所以找悅智來協助公司深入管理及轉型是最恰當的。我們合作專案包括：晉升高階主管的個別職能輔導、維護服務部門作業流程系統化及如何加值行銷、大型客戶的全面攻略等。森槙當時都是擔任專案管理主管，經過這幾年的合作，森槙可謂是最懂我們公司的外部顧問公司領導人。

　　經過多年，悅智全球的服務模式從專案型態的顧問，再加上創新的約見型態顧問諮詢，處理的問題更多元化、時間也更彈性，當然也就累積更多樣的實戰實績。而台灣企業規模型態，大都以微、小、中型為主，中小型企業家數超過 150 萬家，且陸續累積家數中。由此可見，社會上新創的一股力量產生創業，一直都是前仆後繼的生成，成為台灣經濟發展的重要力量。

但是，新創公司的成功比例相對較低。根據經濟部中小企業處創業諮詢服務中心的統計，創業第一年倒閉的機率高達 90%，在 5 年內倒閉的比例更高達 99%，而存活 5 年以上的企業僅有 1%。儘管成功者的案例總是令人印象深刻，但這些數據顯示，新創公司成功之路總是充滿著挑戰。

所以，創業前的準備很重要！

他山之石，可以攻錯，創業之前，創業者必須瞭解的議題包括：願景與使命、產品定位、產品設計、供應鏈、生產管理、存貨管理、專案管理、銷貨管理、客戶關係管理、數位化系統的採用與落地執行、如何形成與競爭者的價值差異……。一般來說，新創公司規劃的商業模式中，優先要確認供應鏈的來源與優勢，明確的產品定位及目標客群，特別是在不確定的市場環境中，思考如何聚焦資源執行優先方案，累積實力再創新高峰。

一位好的顧問可以減少錯誤成本，除了實戰經驗之外，我認為還需要有以下三個特質：

1. 分析能力：收集、評估、並解讀大量數據，找出脈絡的關鍵重點，支持客戶做出明智的決策。

2. 溝通能力：具備化繁為簡的口頭和書面溝通能力，這是顧問的重要特質之一，可以有效地傳達訊息並建立良好的客戶關係。有一次森槙親自來幫我們高階主管上「溝通」課程時，也充分展現此特質。

3. 洞察與思考：獨當一面的邏輯思考和洞察力，適時提供

給客戶好的意見與反思。

　　這些歷練與特質，森楨的確都很在行。也因為森楨執行大企業轉型及新創事業成長的專案經驗豐富，才可以寫出這本《街頭商學院》。本書特色是以輕鬆的故事對話，將集團公司的創新轉型及創業的多元議題融入，內容有趣且淺顯易讀，值得推薦一讀。

新創的多重宇宙

林翰佳

炬銨生物科技創辦人、
臺灣海洋大學產學營運總中心主任／
生命科學暨生物科技學系特聘教授

　　很榮幸能受到游森楨顧問的邀請，為這本很特殊的書撰寫序言推薦。我認為這本書的特殊之處有三點：首先，他將神秘的新創顧問工作，用類小說的方式呈現，讓大家一窺這份工作的內幕，是少見以企業顧問為主角的職人小說。其次，透過這本書的情節，很巧妙地安排介紹了許多新創團隊需要知道的知識，所以其實也算是一本實用的工具書。最後，對我個人而言，此書最特殊之處是喚起了我許多的深刻記憶，尤其是身為一個被游顧問輔導過的新創團隊。

　　我自己是一個大學教授，做了二十幾年的生物科技研究，原本也應該繼續這樣的生活直到退休。但是在 2017 年的時候，科技部推出「價創計畫」鼓勵大學老師將自己的研發成果商品化，並且希望促進大學衍生新創企業（Startup）。我們團隊當時正在研究奈米抗菌材料，在科學上有很大的技術突破，也發表了許多頂級國際期刊論文，還因此受到眾多國內外媒體的採

訪報導。但其實當時我對於 Startup 並沒有很深的概念，單純只是被高額的計劃經費吸引。剛好我們的技術也符合計劃審查的資格，就抱著希望申請這個計劃。

在當時，計劃審查委員對於我們的技術十分看好，但是卻對提出的商業計劃書有諸多批評。包括市場分析、Go-to-market 策略、競爭者分析等等，尤其是財務預測的部分，更是被批評得慘不忍睹。幸好，我們還獲得一次補考的機會，只要在期限內把商業計劃書改好，我們就有機會拿到夢寐以求的研究經費。此時，因緣際會認識了游顧問，可說是對於我們的新創之路帶來決定性的改變。

我們與游顧問所發生的故事，許多情節都與書中描述十分類似，讀者可以慢慢閱讀體會。當然，也有諸多屬於我們自己的獨特經驗沒有在書裡。在此分享一則小故事。

身為新創小白，當時根本不懂價創計劃審查委員的想法與要求是什麼。但因為急著想要趕快拿到研究經費，就動了念頭想要直接花錢找一間顧問公司來幫我搞定商業計劃書。跟游顧問談過之後，他表示可以幫我們團隊安排一系列有關商業計劃的課程，但不會幫我們撰寫計劃書。也就是說，我花了顧問費，最後可能還是要自己來寫這個計劃書。

我永遠記得游顧問當時給我的理由：

「老師，在你的班上如果有同學抄別人的作業，你覺得他能夠真的把課業學好嗎？同樣的，如果真的想要創業成功，那麼這份計劃書一定要有你們自己的靈魂。」

最後，我不但花了顧問費，還花了好幾個禮拜自己撰寫商業計劃書。

　　從結果來看，我們順利獲得價創計劃經費的補助，也在2019年底成功募資，衍生新創公司。歷經眾多的考驗，最終在2023年成功打開外銷的市場，逐漸實踐當時科技部所賦予我們的任務，將大學研發的技術實際應用來解決世界產業的問題！

　　在我寫下這段文字的同時，也再次打開當時所撰寫的商業計劃書。其實，內容與公司實際經營的現況有很大的差距。就像當年開心慶祝公司開張後，根本無法預料幾個月後就碰到百年大疫的考驗。在新創的世界裡，就像多重宇宙一樣，什麼樣的狀況都有可能發生。就算是我再開一家新創公司，未來的發展也不會完全一樣。但是現在的我，完全同意投資一家公司就是投資這家公司的團隊。因為優秀的團隊不論碰到什麼困難，都會想辦法解決。當然，如果新創團隊有像是游顧問這樣優秀的軍師陪伴，那麼成功的機會肯定會再增加。

　　很高興看到游顧問不藏私地把許多輔導新創的經驗在本書中與讀者分享。雖然新創成功的經驗無法照抄，但是可以學習，而本書就是很好的學習起點。也希望透過此書，讓更多人認識新創、支持新創，甚至捲起袖子動手實踐。

從 0 到 10：
一位企管顧問的奇幻旅程

盧希鵬
臺灣科技大學資訊管理系特聘教授

在這篇序的一開始，我想強調一下這本書不同於傳統的企管顧問書籍，而是以小說形式呈現。我們通常在閱讀書籍時會忘記條列式的重點，而更容易記住故事。就像我自己有一位學生，畢業後創業，告訴我他在學校學了 1 年的會計，卻還是搞不懂會計是什麼。直到他自己創業後，才意識到再看不懂會計現金流量報表公司就要倒閉了，結果居然一個晚上就懂了會計報表在說什麼。這證明了故事與管理情境的力量，也是這本書所希望帶給讀者的。

作者游森槙不僅是一位企業顧問，更是悅智全球顧問公司的總經理，被業界人稱為「Q 顧問」，他的豐富經驗和專業知識為這本書的內容提供了堅實的基礎。還有，他是我兒子小學老師的老公，或許在老婆的薰陶下，可以把自己許多親身經歷的顧問案，用輕鬆易懂的故事模式闡述出來。

這是一個充滿奇幻旅程與挑戰的商業世界，我們常常需要

一位如同 Q 顧問般的導航者，他不僅能解決企業經營上的難題，更能以自己的獨特方式啟發我們的創業精神。在《街頭商學院》中，作者游森楨以幽默風趣的筆觸，帶領讀者進入企管顧問的世界，透過一連串生動有趣的故事，探索創業家、新創公司管理者，以及大型企業創新轉型負責人所面臨的種種挑戰與解決之道。

從轉職抑或創業的抉擇開始，到商業模式的探索與商業計劃書的制定，再到企業的轉型與創新生意模式的發展，每一章節都像是一場充滿驚奇與挑戰的冒險。這本書不僅提供了豐富的管理工具與實用建議，更通過作者生動的筆觸，展現了企管顧問這個行業的獨特魅力，讓讀者在笑聲中汲取智慧，在情節中獲得啟迪。

無論你是正在考慮創業的夢想家，還是對企業顧問這一領域充滿好奇心的讀者，這本書都會給予你意想不到的收穫與啟發。請立刻翻閱本書，跟隨 Q 顧問一起展開這場奇幻旅程，探索企業世界的無限可能性！

各界好評

（依作者姓氏筆劃排序）

投資圈

　　我個人在投資兩岸的新創團隊過程中，發現他們能出來創業，多半仗著自己有研發製造或軟體技術，但當自己真的坐上創辦人 CEO 位置之後，往往在商業模式與 GTM（Go To Market）的 know-how 較弱，會自己憑直覺亂闖亂衝，走很多彎路。常見的情形是他們用自己最擅長的技術做出產品後，再去琢磨可以在哪個市場與哪個場景使用，但追求 PMF（Product Market Fit）的過程就像是一個沼澤，困住了九成以上的新手創辦人。我的好友游森楨 Quentin 用深入淺出的說故事方式，將新手創業者在摸索期會遇到的課題，一個一個透過越志 Q 的第一人稱視角去解題，故事生動、有趣，會讓創業者讀起來很有代入感。更重要的是，每一章節越志解題的專業理論框架也不斷地出現，我愈看愈佩服，這不就是新創策略顧問版的《壽司幹嘛轉來轉去》嗎？（日本經典企管漫畫，藉著探討壽司店的漫畫故事來讓讀者輕鬆領略財務會計的奧妙）新創老闆們照著小說故事走，邊看邊引用，其實也會很輕易地找到創業不同階段各個課題的梳理模板與因應解方。此刻我自己也身為幾家台灣新創的顧問，我在看這本書的同時，嘿嘿，都想偷偷引用到我顧問服務的企業呢。如果這本書再附加一本別冊或插卡，把書裡各環節提到的策略規劃模板這些武功祕籍再匯整

一下，那是更讚了。

對我來說，看這本書的另一個快感與感動是，當我在看越志 Q 初入顧問業的新手養成日記時，仿佛也看到自己初入社會時那種不斷快速吸收學習、勇闖破關的少年氣。今天 Q 已從一個新手顧問一路晉級到「社長島耕作」，人生的閱歷與解題的能力已完全不同，相信他與這本又創新、又實用的祕籍能幫助更多的創業者少走彎路。

林文欽（前騰訊副總經理、前京東商城副總裁、FB 台灣新創投資交流社團創辦人）

遇見美好，看見幸福

不管是個人也好、企業也罷，活得下是開始，活得久是期待，活得好是目標；而「價值交換」是所有「存活」的底層邏輯。

知道提供什麼「價值」，知道怎麼去「交換」，就是商業模式的至簡大道。然而，時代是與時俱進的，商業模式從來沒有不變的成功之道。

所以每當有人問我，怎麼樣可以教導建構一個立於不敗之地的商業模式。我的答案很簡單，那就是商業模式「只能學，不能教」。

而學習最好的方式，就是遍覽各式各樣故事，在故事當中汲取寶貴心得，以及避免走彎路的經驗。

故事，是擁抱生命的鳥瞰。

故事，是跨越時空的覆盤。

然後，透過行動、不斷迭代，持續修正持續前進，繼續撰寫自己故事的新頁。

相信這本《街頭商學院》的精彩故事，會是您最好的軍師，在人生以及創業的道路上，陪伴您有更美好的遇見，更幸福的看見。

郝旭烈（前新加坡淡馬錫集團富登金融控股董事總經理、尚學管理顧問有限公司總經理）

創新創業，猶如從微小新事物到遠大影響力的旅程，所謂星星之火，可以燎原。但在剛發出微光的階段，如果能擁有像 Q 一樣，提供「陪伴式諮詢」的教練或業師同行，啟蒙又陪伴、引路加擺渡，相信新創團隊準備

好被投資（investment-ready）及可融資（bankable）的機率必然提高不少，得以延續火苗，甚至引燃烈焰。

Q 在書中似乎不請自來，但在現實世界裡，Q 會不會出現？真正取決於創業者的心態。正如文中多次提到「They don't know what they don't know」，當 They 改成 We 時，才能常保求知若飢、虛心若愚的態度，創造更多 Q 的出現、萬事互相效力的機會。

藉此向黃河明董事長致敬，15 年前黃董創辦的「新生命資訊服務」，是台灣最早期的社會企業之一，曾為管顧的我有幸參與發起。現從創投的角度閱讀本書，感謝作者的提醒，我們效法典範、勿忘初衷，不只投資，還要陪跑，成為創業團隊的 Q。

陳一強（活水影響力投資總經理／共同創辦人）

跟 Q San 的淵源說來奇妙，我們是政大商學院課堂同學、臺大理工系所校友，而他書中許多人物，都是我人生裡的真實人物與敬重的長輩。身為將近 20 年的創業者、投資人、新創導師，也曾經擔任過很多新創公司、政府部門跟研發機構的顧問，除了對於他經歷的故事格外有感，而且讀來實在精彩。我覺得這本書除了給創業者完整的創業架構與思路分析，也把在台灣許多管理顧問會遭遇的課題及客戶型態都梳理一遍。非常推薦給想理解創業歷程與管理顧問實務的讀者。

這本書除了是一本輕鬆易讀、情節有趣的小說，也是一本涵蓋範圍完整、整理重要圖表的工具書。從研發機構的衍生新創經常會遇到的技術創業盲點，到企業轉型總是遇到的內部組織衝突；再到新創團隊遇到主題軸轉時，如何聆聽市場的聲音，還有如何進行市場研究時，挑戰自己打破框架的勇氣；最後是如何在協助新創募資時，一手拉拔團隊跟媒合投資人的過程。身為 Q San 的好友與學弟，除了衷心祝福他的新身份：暢銷作家，也相信這本書能帶給每個讀者極大的啟發，如同多年來我在他身上與文字裡所學到的一樣。

詹益鑑（Taiwan Global Angels 創辦人）

產業夥伴

　　自身經歷國外新創公司、美國知名企業到矽谷車庫創業、回台創業、創立加速器、成為國際創投、各個部會評審委員和指導業師，一路走來因為不同的職位而體認到各式各樣的艱辛和學習到不同角度的見聞決策。在平常跟新創輔導時，也常常分享各種經驗想法，希望幫助更多的創業者知道更多可能會遇到的「真實」挑戰。當遇到 Quentin 提及他所寫的新書《街頭商學院》時，特別有種感動和感謝。希望藉由他的分享，在創業者每日奮鬥之際，能夠輕鬆讀著這本幽默有趣卻內含創業祕笈的小說，潛移默化地增進自身攻防內力，辨別商業各式術語，面對各種關卡能夠輕鬆面對、不屈不撓、迎刃而解！

　　這是個充滿新機會的時代，也是各家齊聚新創爭鳴的時代。在人才輩出投入新創事業的同時，企業也在不斷內外革新、尋找下一波再生。彷彿戰國時代，百家爭鳴，越是競爭激烈，當局者更需要智者獻計、創造開拓商業契機。

　　《街頭商學院》用詼諧幽默的故事口吻，娓娓道來許多真實新創企業所面臨到的挑戰和困難。作者化身為書中主角 Q，原本自身因為工作的調整而有著想要創業的念頭，在跟別的創業者聊過後，發現創業者所需要的特質；也因為成為顧問公司的一員，跟著許多公司一起再創。而這將近 18 年的企業顧問所見所思，轉化為小說故事的內容，跟著 Q 經歷每個專案、每個情境，彷彿親身經歷這些奇幻旅程。生動細膩的敘述和每個角色環節的轉折，引人入勝，讓人不禁一頁又一頁讀著，想要知道接下來又發生了什麼，過程會是如何變化、結果又會是如何發展。而這小說情境卻又真實地讓人體會新創公司從 0 到 1，從 1 到 100 所面臨的各種管理難題、客戶挑戰、市場冒險。更難得的是，同時間帶出新創培育的基礎知識，如公司的價值主張、商業模式九宮格（Business Model Canvas）、事業成長矩陣以至商業計劃書等，讓人沈浸於故事內容時，同時學習創業的基礎。

　　透個作者的化身，我們得以從旁瞭解顧問行業輔導企業新創各種面向，更同時讓人也思考個人自身以及在現任的職場事業，重新思量各種人

生智慧和成長體悟。雖說創業沒有公式，而人生亦如每個人獨特的創業歷程，但藉由這些故事啟發，讓我們更有機會在自己的人生創業旅途上，增加面對挑戰的客觀與堅韌，即使有挫折或失敗，也能轉化成未來成功攀登高峰的能量。這本書亦涵蓋了台灣產業和國外世界級公司的不同商業文化，讓我們在台灣的創業者，更能夠藉由置身故事角色中，推演拓展國際市場的思維佈局。

《街頭商學院》不僅僅是創業者的參考指南，更是給予每個人在各種角色上應對進退的醒醐明燈。真誠地推薦各位跟著 Quentin 一同經歷這段豐富的旅程、品味閱讀這本創業莞爾精華錄，為自己的事業功力，打通任督二脈，開點超凡智慧，突破各種未知挑戰，開創一番成功氣象。

王俞又（前 500 Global 創業合夥人及臺灣區負責人、
前 appWorks 共同合夥人、博智投資管理顧問管理合夥人）

這本《街頭商學院》給了台灣想要瞭解新事業規劃的朋友可以一窺「事業誕生」的那一瞬間，大部分的商業書即是提供理論與小篇幅的介紹（兩、三百字），好的商管書籍才會用幾百字去說明一個個案，但是 Q 寫的這本《街頭商學院》，則是用小說形式給你最具體的細節描述與脈絡。

而且除了商業創生的脈絡清楚外，更也整合了很多商業顧問協助釐清事業的工具，像是《藍海策略》的價值曲線定位圖，我們就可以很清楚的知道它的使用時機與效果，甚至願景、使命、通路地圖都會在這本書中提及。

給想要創業或是做出一番自己的事業的夥伴，推薦這本書。

孫治華（策略思維商學院院長）

創業是一場人生大戲

創業是一場人生大戲。創業者既是導演，也是演員。演好這齣戲可不容易，創業者既要能入戲，又要能適時抽離照看全局。游兄作為一位頂尖國際顧問，坐看江湖潮起潮落，畫舫歌舞千帆過盡，看過的導演何止上

千、演員何止上萬。顧問賞戲，視角絕然不同，不只看前台創意，更要看後台管理，更在端看著每一段的人生。

與游兄相識，即是在戲中。在我所創立的 TXA 創業家私董會中，我們也進行著一幕又一幕的「董事會策略模擬遊戲」，劇碼圍繞在企業相關的資金、技術、人才、市場、商模等戰略議題的討論。在私董會的董監事陣容卡司中，我已經無數次地邀請游兄擔任客座董事長及客座獨立董事，為什麼？

因為，他專業。他在商業劇場上早就練就了火眼金睛，擁有敏銳的洞察力。他的發言提點，總是切中要害。

因為，他溫暖。創業家經常頭腦發燙但手腳冰冷。他對於輔導對象，總是充滿熱情，一雙溫暖大手，拉著他們向前走。

因為，他爽快。劇終人散之後，他總是在後台不吝惜多給創業家更多時間，無私地分享他的見解和建議。

商業舞台，我們要忠於自己的角色，更要懂得扮演不同的角色。這說來輕鬆，做來著實不易。若想在舞台上演得精彩，不妨細細品味游兄精心撰寫鋪陳的這本書。在閱讀這本書的故事時，想想看，哪一個角色是你？你又如何演繹好這個角色？更重要的是，你該如何導演一齣以你當主角的人生大戲？

徐竹先 <small>（TXA 創業家私董會創辦人，現任美國亞利桑那州駐台貿易投資辦事處處長）</small>

談企業經營管理書籍百百本，但多半以國際大企業作為案例分析，對台灣企業而言，國際企業的經營軌跡似乎有些過於遙遠。然而本書透過作者扎實的顧問職涯經驗，以對話情境方式呈現國內大至上市櫃企業、小至微型新創企業的實戰輔導資歷，讓閱讀者在這些個案中，或多或少能找到相似於自己身影的故事與經歷。

本書難能可貴且無私地分享在顧問職涯中的所見所聞，兼具學理和實務，引領閱讀者們思考；同時也能看見擔任顧問一角時，可以施力但也需要適度放手的時刻。對於企業主，可透過案例情境思索可能的解方；對

於想進入企業顧問一職的有志人士，也能作為入行前的參考指引。無論是哪一個角度，都能在本書中獲得啟發。

張建一（台灣經濟研究院院長）

長年擔任新創導師及各大創業競賽評審，最大的感想是「創業徒科技不足以自行」。新創畢竟仍是企業經營，科技僅為企業經營「研發」之一環，「股權」、「財務」、「銷售」、「生產」更是創造價值的重要環節。

台灣的創業環境一直因為國內市場小，以商業模式為重的 B2C 創業項目不易成長，導致創業多以鼓勵 DeepTech 或代工模式進行。然而，重視技術研發常導致過分輕視其他企業經營重要環節，尤其是與股權相關的事務。

我擔任新創法律顧問期間，處理過無數新創團隊走入相同的雷區問題。股權規劃、專利規劃、企業合作研發、創投合約，任何一個交易的錯誤，都可能導致未來的獨角獸出師未捷。而 Q 這本《街頭商學院》，以化身故事，帶我們走過幾乎任何創業者都可能遇到的創業場景，每讀一章都讓我有代入自己某個創業人生時期的錯覺，思維：當時或許能做更好的選擇……。

其實，每個企業經營者距離創業成功，常常只需多做對五個正確的重大抉擇，推薦每個有意創業者都能打開這本書，提前體會應對！

黃沛聲（立勤國際法律事務所主持律師）

在過去的十多年中，我有幸與 Quentin 建立深厚的關係。期間他擔任黃河明學長所創辦悅智公司的顧問及事業長，並在陽明交大聘請悅智擔任顧問公司，及產業加速器邀請他擔任新創顧問過程中，扮演起關鍵的角色。透過在企業層面所提供的專業建議，Quentin 及悅智顧問成功地引導了眾多公司和新創企業更上一層樓。我深感榮幸能夠為他的新書撰寫序言，這是對他卓越成就的一種認可，也是對他深厚專業知識的肯定。這本新書必

定為商界提供深刻洞察力，成為企業家和創業者們不可多得的寶貴資源。期待這本書能夠在商業領域中掀起一股新的思潮，並為讀者帶來實質的價值和啟發。

本書一大特色，是採用一種獨特的方法，利用與客戶之間的對話或討論來引導解決方案或建議的發展。這種方法對某些讀者可能不太熟悉，需要欣賞作者的敘述，以瞭解思想和解決方案是如何形成的。鑑於初創公司總是面臨不同階段的挑戰，這本書提供了一個有價值且邏輯性的過程，以應對這些階段並做出明智的決策。毫不猶豫地，我強烈推薦這本書給任何階段的初創公司。

黃經堯（陽明交通大學產業加速器暨專利開發策略中心主任）

新創圈 Q 顧問出書，可說是高手出招、招招到位。我身為國科會 FITI 創新創業激勵計劃總召，有很多聆聽 Q 顧問游總經理精闢見解的機會，許多新創公司的痛點，游總總能一語道破，給予忠肯的建議。游總和許多業師都是 FITI 創新創業激勵計劃的重要資產，讓懷抱創業夢想、但還不知人間疾苦的創業團隊能先在 FITI 體驗一下現實骨感的衝擊。

在年節假期間拜讀了游總的著作，這本書情境的設定更接近台灣團隊的現況，也更貼近描述了台灣團隊的創業特色。這些特色有優點、有挑戰，游總不愧是輔導大神，大大小小的疑難雜症都被歸納收錄在這本著作中，有系統地做了分析和解答。不管是對已創業或想創業的朋友來說，都是一本相當實用的工具書，協助釐清盲點，也提供新的思考方向。

借用國外經典《創業這條路》書中的話語：「成功的創業家都具備一個關鍵心態：『好奇心』。表現優異的人之所以會有優異的表現，不是因為他們知道了什麼，而是因為他們總是想要知道更多。」樣樣事如果都等到實際體驗才學習可能太慢，創業家在資源、時間永遠不夠用的情況下，那建議閱讀 Q 顧問游總的《街頭商學院》，應該可以免走許多冤枉路。

劉宥彤（FITI 創新創業激勵計劃總召、Startup Island TAIWAN 國發會台灣新創品牌計劃主持人）

　　游老大這本管理小說，實在太精采了！讀之欲罷不能，闔之沉吟再三！舉凡創新、創業、商業模式、轉型、企業成長、經營決策等等，雖然都是商管學院每日每夜不斷進行的課程內容，但這些題材在游老大廣泛又深刻的經驗分享中，活靈活現、栩栩如生，讓我這個不成材的象牙塔教書匠，瞠目結舌、收穫滿滿！

　　在學校裡教授相關課程，曾經親身參與過幾回（最終還是失敗的）創業計劃，也陸陸續續觀察、甚至指導過一些學生的創意或創新團隊，對於書中所討論的議題，非常感同身受！比方說，創業計劃書到底該怎麼寫、寫些什麼？坊間相關的書籍塞滿書櫃，但游老大幾張圖、幾句話、幾個範例，就把精髓精準地傳達出來，這真是了不得的功力與智慧啊~

　　衷心感謝游老大願意把自己一身功夫與經驗，透過如此精彩的小說，娓娓道來，造福後進與學子。在接下來的相關課程中，這本《街頭商學院》一定會是最推薦的必讀教科書！

余峻瑜（臺灣大學管理學院、創新設計學院副教授）

　　這是一部結合創業實戰與管理智慧的沉浸式管理小說，透過生動的故事情節，深入淺出地介紹創業過程中的各種挑戰與解決策略，非常適合正處在或計劃進入創業旅程的讀者。本書內容生動有趣，作者成功地將枯燥的管理理論轉化為引人入勝的敘事，使讀者在不知不覺中學習到創業和管理的核心概念。書中的案例和策略涵蓋了從商業模式創新到團隊管理的各個層面，既適用於新創企業，對於尋求轉型的成熟公司也有啟發。本書深入淺出，即使是非管理專業的讀者也能從中獲得啟迪與樂趣，值得一讀再讀。

詹文男（數位轉型學院共同創辦人暨院長、臺灣大學商研所兼任教授）

技術創業到育成新興產業的故事，值得一讀再讀

爬山一直是我的愛好，台灣小百岳已爬過 81 座。對我而言，爬山不僅是一種運動，也是探究台灣在地歷史的過程。整理許多本地歷史故事後，發覺故事可以打開我的心扉，到達一個新的地方；打開我的思想，進而引導我採取行動。所以，一直很喜歡聽故事，也樂於講述故事。

本書是一本有關創新創業的沉浸式管理小說，描述具深度技術（Deep Tech）者開創新事業的故事，淺顯易懂地呈現科技新創的過程、可能碰到的困難、解決方法等。其難得之處，在於生動活潑地表達創業者面臨的困境。例如：家人反對，因為上次創業虧了 500 萬，債都還沒有清償，又即將生第二胎。也精準地指出技術法人的同仁投入新創，普遍認為自己的技術最傑出，但卻缺乏創業動機和目標客戶等困局。

個人從事公職三十餘年，長期關注產業科技創新和育成新創事業，瞭解新創事業化過程，需面對很多挑戰：面對目標客戶、提供獨特具競爭力的解決方案、為客戶創造最大效益、獲得投資人青睞等，每一步都不容易。本書適時出版，除了貼切地描述科技創業的艱辛，也提供專業的創業管理工具，非常推薦具深度技術的學研單位，或是有意願創業的朋友閱讀本書！

邱求慧（經濟部產業技術司司長）

我跟 Q San 認識很多年了。

當年，我們幾乎是一見如故，因為兩人有很大的共同點，就是對於自身事業的熱愛。但我們也有一些不同：在這幾年間，我的狀態每隔一段時間就會有些轉換，從創業到教職、從民間到政府。反觀 Q San，他自始至終都只做一件事情，就是企業管理顧問。如果有一項事業，能夠被堅持且熱情不減，那應該稱之為志業。

這本書，就是用寓言的方式，講述 Q San 偉大志業的精華。

值得一提的是，這本新書的呈現方式也很有意思。作為前陽明交大

經管所的老師，我認為效果最佳的管理學傳授方式，是個案教學法（Case Method）。這本書，就是絕佳的個案研究（Case Study）合集。

在台灣，有許多管理學院的老師跟我一樣，都是個案教學法的擁護者。但絕大部分時候，老師們都只能引用類似《哈佛商業評論》這類、以美國個案為主的教材。不是因為老師們崇洋媚外，也不是因為台灣沒有好的個案，而是我們缺乏好的作者。

也因此這次，Q San 的大作付梓，是一個重要的里程碑。這本新書，是一本非常別出心裁的創新創業管理書籍，特別推薦給每一位想要無壓力學習硬功夫的朋友。

趙式隆（台北市政府資訊局局長）

出版界

作者累積 20 年企業顧問實務資歷，透過書中角色 Q 串連一篇篇精采的故事；不論是創業、創新、轉型等議題，都能讓讀者在輕鬆閱讀中收穫多元且深刻的啟發。

何飛鵬（城邦出版集團首席執行長）

|自序|

　　這是一本關於創業與企業創新轉型的沉浸式管理小說。

　　談創業、創新轉型的書籍何其多，為何要讀這一本？重點在沉浸式。讀者以跟在主角身旁的角度，經歷他的每一個專案，藉由故事中的對話，體會到創業與創新轉型的方法與心法。我相信，從故事中學習，是個很不錯的方式。至少，對我而言是如此。

　　從小，我就喜歡聽故事。很小很小的時候，聽了許多寓言故事。國中理化課，老師在談元素週期表，試圖帶領我們進入奧妙的原子世界時，真正吸引我的，反而是瑪麗·居禮得到兩次諾貝爾獎的奇幻旅程。大學就讀化學系，當老師口沫橫飛地在講虛無縹緲的量子物理時，我倒是對奧本海默、費米的故事橋段更感興趣。

　　我也喜歡看電影。學生時代可以一天在二輪戲院看 4 部電影。其中，真實故事的電影總是很吸引我的眼球。

成為企管顧問後，客戶邀請我們參與他們的企業經營，這機緣也讓我成為他們故事中的其中一個角色。企管顧問，就像是企業醫生。企業委託我們，可以理解為有病治病、無病強身。這過程，通常是 3 到 6 個月。

　　身為顧問，我每執行一個專案，就是感受一個真實故事，並在客戶故事中寫劇本，因為我需要對公司經營的重大決策給建議。企管顧問有特權得知企業中最核心的人、事、物等議題，原因是，我服務的對象，通常是公司最高階層。為了解決企業的問題，我需先深入瞭解企業現況，看各種資料，並與相關人士對話。之後，才能對症下藥。

　　有些企業故事令人動容，有些則是發人深省。

　　執行專案多了，我也開始對企業授課。發現講實際發生的故事是學員喜歡的，也才容易從中學習，在經營上趨吉避凶。由於跟客戶都有簽訂保密協定（NDA，Non-disclosure agreement），因此講這些故事前，我都還是要取得客戶的同意。

　　故事講多了，發現有些管理議題是有共通性的，於是就希望將學員與客戶常有需求的內容，寫成一本書，嘉惠更多人。

　　任職顧問業 18 年來，我或深或淺地參與了數百個大小專案。其中有大到營收居台灣前十大的超級企業，也有小到員工只有 1 人的微型公司。創業及創新轉型對台灣未來的經濟及產業發展極其重要也處於關鍵時刻，原因有兩個：第一，新創公司的設立在台灣前仆後繼地持續著，而新創公司是未來產業的種子；第二，中大型企業轉型正風起雲湧地展開著。

這本書有鼓勵創新的成份在裡面，但不是在鼓勵創業。反倒是，有在思考創業的人適合看。書中的故事，希望可以帶給這些朋友一些反思：我適合創業嗎？

這本書，可以幫助到的一個主要族群，是偉大的創業家。創業家面臨各式各樣的挑戰，除了永遠不嫌多、但總是湊不齊的資金是一大挑戰以外，概念驗證、目標市場、公司經營方向、產品定位、團隊人才、內部溝通等等，大概可以列出一百項千奇百怪、卻也都真實存在的挑戰。

我自己一年會協助上百家次新創老闆出謀劃策，有些公司是 1 年 20 次，有些則只有 1 到 2 次。每家客戶提供諮詢服務的深淺及內容不一。有時候，我就像是該公司的地下總經理，主導公司的重大決定。有時候，則扮演該公司的 CSO（Chief Strategy Officer，策略長），帶著老闆及高階主管，產出公司營運策略，並落實策略下的執行方案。我就像是輔佐創業家的軍師。只是也必須承認，有時也很像渣男，在對方還有需要的時候，選擇了離開，只因為我認為對方已經可以獨立了。創業家看這本書，除了管理工具以外，裡面跌跌撞撞的故事，希望也可以發揮心理療癒之效。

本書可幫助到的另一個族群，是正在協助企業進行轉型升級的經理人及二代。由於知識、資訊取得的容易，現代企業競爭越趨白熱化。企業競爭門檻，往往是創新的速度。書裡中大型企業的轉型方式，都提到結合外部資源，達到內部轉型之效。其中一項外部資源，就是結合新創公司的能量。

中大型企業尋求轉型及第二成長曲線的方法更趨多元，其中一種方式就是投資或併購外部的中小企業及新創企業。根據台經院近年統計，台灣在新創投資件數上，企業創投（CVC，Corporate Venture Capital）已經超過財務型創投（VC）。且從全球角度，CVC在全球新創投資活動中扮演的角色越來越重要，投資件數比重也在上升中，這都意謂著中大型企業與中小企業及新創企業將在未來產生更多的化學反應。

　　這本書，是將我常看到企業碰到的管理挑戰，從問題的產生到解決這個過程以故事呈現。其中，幾個實務上我常用來協助客戶思考、也非常好用的管理工具，希望透過故事的方式，在理解前後脈絡之下，讓讀者可以心領神會，運用在自己的工作上。

　　如果都不是以上角色，那歡迎你將本書當成是一本企管顧問職人小說來閱讀。書中談到的工作不順／離職創業、員工／老闆之間的溝通、供應商／客戶之間的互助、同事／同事之間的陷害，以及主角在面對誘惑時所採取的行動等情節，就像是我從小喜歡的寓言小說，相信對你在工作上也會有所啟發。

　　最後，可能你會好奇：這本書裡面的故事都是真實的嗎？不要忘了我剛說的，我們跟客戶都簽了NDA。如果你覺得故事內容或主角跟身邊的公司、人物怎麼那麼像？我只能說：以下故事部分虛構。起碼，你認為是事實的那部分是……

人物介紹

- **Q（游品蔚）**：28 歲，剛從政大 MBA 畢業，加入一家成立不到 3 年的新創公司：越志全球顧問。身高 172 公分，中等身材。情感外顯，凡事無所畏懼。好奇心及觀察力強，不怕威權，敢向前輩提出挑戰性問題。他不輕易承諾，但重視承諾。租屋在中和南勢角一間 10 坪房子，搭捷運上班。最無法抗拒的，就是看美女的雙腿，常被女友瑪莉發現而被修理。

- **瑪莉**：26 歲，與 Q 交往 2 年的女友，是一位可愛的國小老師。擔任國小低年級的導師，每天與「可愛動物區」的小朋友相處，生活單純。個性雖好，但只要 Q 看別的女生，她就會毫不客氣地拿皮包往 Q 的頭大力砸下去！

- **黃豔文**：50 歲，Q 在越志的老闆。創立越志前，曾任外商公司慧普台灣董事長及諮策會董事長，是台灣知名企業家。深謀遠慮並具系統性思考。為人幽默且謙遜。但在 Q 眼中，卻是一位話都講不清楚的老闆！

- **理查**：30 歲，Q 在前公司的工作夥伴。他們一起製造出台積電 12 吋廠史上第一次全廠疏散的公安事件。只比 Q 大 2 歲，卻具有超乎同齡的人生智慧。工作之餘，會在新竹寺廟潛修，常在 Q 碰到人生難題時提供指引。兩人在工作上鍛鍊出革命情感，也常一起對女生品頭論足。

- **李俊凱**：長相如台灣版湯姆・克魯斯，為 Q 在羅東高中的同班同學，是一位失敗兩次，第三次才成功的連續創業家。充滿街頭智慧的他，在創業路上從篳路藍縷到成功的過程，激發 Q 這位學院派背景的小白對創業的不同思考。

- **朱小蘋**：46 歲，秘書，是黃豔文行政上的得力助手。與各大企業老闆秘書熟稔，更是熟悉台灣政府各行政首長秘書的個人興趣與不為人知的秘密。在越志內部也是八卦女王。喜歡跳肚皮舞。

- **陳如梅**：33 歲，越志顧問，因為認同黃豔文理念而共同創辦越志，是商業企劃及行銷的專家。邏輯清晰，集智慧與美麗於一身，專業與溫柔是她說服客戶的最佳利器。是非分明，對於價值判斷有一套嚴格的標準。給人難以親近的形象，卻是 Q 私底下愛慕的對象。

- **張中興**：法人機構台灣尖端研究院第一所所長。身高 183 公分，氣宇軒昂。是一位中規中矩、使命必達的高階主管。總是在大原則下給予相當的授權，是部屬愛戴的主管。

- **陳有恆**：曾有一次創業失敗經驗的熱血工程師，因為有了小孩而加入工作穩定的台灣尖端研究院。在張中興部門裡擔任

技術團隊主管。即使他懷有第二胎的太太反對他再次創業，但是當研究院有再次創業的機會時，他的創業魂也蠢蠢欲動了起來。

- **李靜安**：張中興所長部屬，陳有恆同事。行事內斂、個性保守的工程主管。陽明交通大學資訊工程博士班畢業後，於台灣尖端研究所服國防役，一路從工程師做到技術主管。熱愛 AI 技術，是研究院內公認最頂尖的 AI 人才。

- **呂成寶**：45 歲，顧問，為鹽文慧普時期的部屬，也是越志共同創辦人。業務專家，曾領導外商公司亞太區業績 3 年成長 5 倍，為業務領域傳奇人物。總是笑臉迎人，人際技巧佳，總能在第一時間就跟客戶建立良好關係，是 Q 在業務領域的學習對象。

- **金大偉**：高強公司董事長兼總經理。身高 165 公分，皮膚白，身材圓潤，禿頭。因為單一客戶佔其營業額超過一半而力促公司進行創新轉型。是一位好好先生，但搞不清楚內部主管之間的明爭暗鬥。

- **曹可欣**：40 歲，台大商學碩士，高強公司經營企劃部副總，主導公司策略發展及策略行動方案後的目標管理。身高 168 公分，美麗與專業兼具。企圖心強、工作能力佳，是金大偉不可或缺的左右手。

- **洪仙蒂**：國際經濟商管學生會 AIESEC 台灣總會會長，歐洲頂尖商學院 INSEAD 畢業。在 Q 之後加入越志，為人善良，做事仔細，模範生等級的好學生樣。為公司後續極力培養的

一位年輕潛力顧問。

- **張力**：曾在美國矽谷成功創業並且出場的年輕連續創業家。在台灣創業，找上越志全球顧問幫忙。這次創立的是世界級的 AI 技術，使得張力經常接受國際市調機構訪談該技術趨勢發展。是一位照顧創業夥伴的創業家。

- **廖才學**：科學市集創辦人兼董事長。台大材料所博士，為共同創辦人許智永實驗室學長。受指導教授感召參與國科會創業比賽，進而創業的年輕人。學富五車，貌似學者的創業家。

- **許智永**：科學市集共同創辦人兼執行長。台大材料所碩士，為創辦人廖才學實驗室學弟。同為受指導教授感召參與國科會創業比賽，並進而創業的年輕人。個性活潑、思考靈活，是被化工材料耽誤的管理人才。

- **老徐**：台大化工系教授，Q 在軍中同袍，兩人感情甚篤。是一位熱愛科技的怪才，常常是 Q 在科技領域的請益對象。雖然是科技專家，但偶爾會在不經意的過程中，說出讓 Q 靈光乍現的話，協助他想出點子來幫助新創公司。

- **Allen**：傑森跑步酒商公司策略發展暨市場行銷部經理，也是 Q 在壘球場上的球友。Q 守備位置是左外野，Allen 則是三壘手。因此 Allen 常是 Q 要將球長傳回本壘阻殺跑者時，中間的接應者，這動作稱為「卡抖」。因為 Allen 被主管交辦的一項任務，兩人開啟了球場以外的專案合作。

- **汪小婷**：由模特兒轉戰創業的模伊公司負責人。擁有身高 172 公分、九頭身的傲人身材。每次出現在 Q 面前，總是以短裙、

繞踝高跟鞋精心打扮，並不吝嗇地露出那雙傲人、修長的性感雙腿。是讓 Q 魂牽夢縈的女性創業家。

- **森用林**：優柔寡斷，也處處為他人著想的創業家。擁有世界一流的薄膜過濾技術，也因此就跟著創業風潮的興起創立了「綠淨」公司。是創業後才開始思考「我適合創業嗎？」的新創事業家。

- **田有耕**：綠淨共同創辦人，也是森用林極為信賴的創業夥伴。常在森用林面臨十字路口時，給予公司走向的建議。技術導向的理工男，同樣也是化工博士。他們兩人頻率接近，也無所不談。很有主見，與森用林舉棋不定的個性互補。

第一章

轉職、創業，或繼續？

李俊凱：

「你是想逃離現在的工作，創業才變成是一個選項，而不是將創業當作首選。」

‖ 第一回 ‖

上了賊船，進退兩難

進公司 3 個月了，Q 開始懷疑自己：為什麼要放棄年薪 180 萬的外商工程師工作，加入這家成立不到 3 年的企管顧問公司？會讓他有這種想法，是因為這 3 個月，每天都會碰到一樣的難題：跟老闆難以溝通。

他的本名「游品蔚」，因為英文名字「Quentin」實在是太難念了，當初在外商時朋友索性就叫他「Q」。他的老闆叫黃豔文，在創辦越志全球顧問之前曾擔任慧普台灣董事長兼總經理及諮策會董事長，其顯赫的背景及溫暖的待人接物態度，在台灣可是有「儒商」之稱。

Q 畢業於政大企業管理研究所（MBA），接受過相當完整的企業管理訓練。其中有一堂他很喜歡的課程是「職涯探索工作坊」，課程中他探索出的個人天賦是「溝通」。這下好了，怎麼也想不到具備溝通長才的自己，竟與這位儒商老闆，會產生這麼大的問題。

女友瑪莉是一位剛從大學畢業的國小老師，其導師工作是教一群 Q 稱之為「可愛動物」的小學低年級學生。有時聽瑪莉說起班上學生天真無邪的對話內容，他腦海中就會跳出動物園中那些超萌的兔子、草泥馬畫面。這 3 個月的水深火熱，雖然常聽他訴苦，但兩種業態截然不同。瑪莉的導師工作少跟校長直接接觸，從他的角度，瑪莉是沒有主管的，無法想像他現在面臨的難題。

　　在這轉職即將屆滿 3 個月之際，Q 萌生退意。尷尬的是，他上一份工作做了 4 年，履歷很漂亮。但一想到這份一般認為是光鮮亮麗、又有社會地位的顧問工作只做 3 個月？實在很難跟鄉親父老解釋。看來，又需要找好友理查點一盞光明燈了。

　　理查是 Q 在台灣硬用材料工作時的死黨，理查是設備工程師，而 Q 是製程工程師，兩人常一起搭配解決台蹟電研發的各種難題。一週工作 80 小時以上，是基本配備；工作到半夜，在廠區內共進三餐是常態。第三餐不是晚餐，是宵夜。因此，兩人也培養出非凡的革命情感。工作之餘，也會一起約客戶的女作業員出遊。

　　相對於 Q 的直率與熱情，理查是一位冷靜且理性的人。工作之餘若沒跟 Q 一起混，他會到竹東惠昌宮走走，尋求心靈的平靜。Q 常笑他是「拿著花花公子念阿彌陀佛」。笑歸笑，他很珍惜有這位懂得自己的好友，可以在人生十字路口時，指引方向。

　　他以前常對 Q 說：「不論是跟老闆講話不卑不亢、跟外國

人溝通的自信，我覺得你是龍困淺灘，在外面一定有更好的發展機會的。」也因此一碰到這樣的問題，第一個就想到對自己很有信心的理查。這時候的 Q，需要的不多，就只是對自我的肯定。

這天，他們約在竹北一家新開的燒肉店。

在互虧幾句、瞭解 Q 面臨的處境後，理查直接說：「欸，我聽說業務部門在找人，你要不要考慮回來硬材當業務？」還邊挑著眉邊賊笑說：「有性感妹妹等你喔！」理查會有這表情，是因為兄弟倆有過難忘的精神豔遇。

3 年前的某天早上，兩人準備走進工程師開放位置區時，看著對面業務部門的女同事穿著短裙套裝坐在旋轉椅上，脫下了高跟鞋，伸長那穿著黑色透膚絲襪的雙腿，隔著絲襪，腳尖還可以看到朱紅色指甲，那畫面對這兩位直男來講真是性感不已！

女業務很陶醉在自己世界裡，她一邊旋轉著椅子，一邊還露出微笑。兩兄弟眼睛睜大愣了一下。畢竟在一家男性工程師居多的公司，沒有預期會有這麼養眼的畫面。突然，女同事看到了他們，不好意思地笑了一下，並緩緩地將椅子滑到鞋邊，將雙腳套入高跟鞋內。兩人回到座位區後一直笑，理查還對 Q 說：「看來她在勾引你喔。」

Q 對台灣硬材業務工作的確有過憧憬。只是，他現在在越志的工作內容之一就是業務。而且，比起硬材的業務工作，越志的工作內容似乎是他比較喜歡的。於是回覆理查：「我在這

裡當業務客戶還蠻尊重的。況且，我的酒量沒有硬材這些業務們好！不要去了害硬材掉單。我的股票可是還沒賣掉哩！」

「也好啦，反正現在台蹟電門口掛著一個告示牌，說『游品蔚跟狗一律不准進台蹟電廠房』。你還是不要回來好了！」

理查在虧 Q 的事，在當年是一場非同小可的工安事件。主角，就是這兩位。

當時理查正在裝機，請 Q 幫忙拉一個氫氣控制閥門，結果導致氫氣濃度超高而讓台蹟電第一座、同時也是最先進的 12 吋廠警報大響，所有人員緊急疏散。這事件有多嚴重呢？當時只要有一個小火花，整個廠區爆炸，兩兄弟就化成一陣煙，也可能就不會有後來的護國神山了。

台蹟電損失慘重，考慮對台灣硬材索賠，並對 Q 發布禁令，不准再進廠服務。還好，客戶最後網開一面。事過境遷之後，兩人還是常拿此事互虧。這感覺就像高中時兩人偷看 A 片被抓到，一個說是你去租的，一個說是你提議要看的。

理查虧完後，兩人一陣大笑。笑到隔壁桌都轉頭在看這兩人是發生了什麼事。

開懷大笑是 Q 現在需要的。看來也只有理查這位共同經歷過許多荒誕事蹟的兄弟，才可以在這時讓他暫時抽離那苦悶的情緒。但理查也明顯感覺到眼前這位天不怕、地不怕的兄弟，今天真的不大一樣。因此也迫不急待想知道原因：「欸，回到重點。到底是發生了什麼事情？」

嘆了一口氣後，Q 說：「唉，還不就是老闆。硬材主管跟

我們工程師之間，雖然有時候講話會幹來幹去的，但至少給指示很明確。」燒肉店有點吵，他調整了一下椅子，讓自己更靠近理查。

然後繼續：「但我現在這個顧問工作，常常覺得很虛無縹緲。大家在談的事情，對我這位工程背景的人而言，目標都不夠明確，都是在那邊高來高去。」旁邊還是有點吵，於是他身體又更前傾靠近理查。

接著說：「而現在最困擾我的，是跟老闆之間的溝通。常常我問他一個問題，都得不到一個明確的答案。」

理查：「可不可以舉一個例子？」

「例如他請我辦一場『前進歐洲市場高峰論壇』。我從沒辦過這種正式的大型活動，所以我就會找他問「要邀請誰？」、「講題是什麼？」。他總是回答我：『你再想想看。』啊我就是沒有辦過，想不出來才問你，你還叫我再想想看！」說到這裡，他有點激動。

接著繼續：「有時候我的確會講一個想法，他通常只回答『喔』。啊這到底是代表好還是不好、對還是不對、是要再往前走，還是要先停住，也不說清楚。」

理查在過程中很專心地聽，過程中也僅以「嗯」表示。

Q 就像是受盡委屈般繼續說：「每次他講完這個『喔』，我就在想：我是不是要再講下去？還是你接下來有打算要說什麼？你知道嗎？那場面有夠尷尬的！我覺得他簡直是豬頭，虧他以前還是外商總經理，連話都講不清楚！我甚至懷疑他之所

以可以擔任諮策會董事長，是不是因為很會巴結政府高層才可以拿到這個職位的！要不然以他這樣的溝通模式，對方不被氣死才怪！」

理查故意順著Q的情緒接話：「那你就離開啊，怕什麼。欸，我說你是龍耶，此地不留爺，自有留爺處啦！」

Q：「我有想啊！但也才做3個月，唉……」嘆了長長一口氣後，他接著：「我現在就是上了賊船，進退兩難。」

第二回

離職創業？

　　看著 Q 越說越氣餒，看來這 3 個月來兄弟真的是受了不少委屈。待他情緒充分發洩後，「你覺得他為什麼會這樣跟你溝通？」理查問。

　　Q 兩手一攤，眼神死：「阿災！」

　　「你觀察他跟其他人溝通也會這樣嗎？」

　　看到他還在思索這個問題，理查繼續說了：「你覺得他在諮策會擔任董事長是巴結而來的，這我沒意見，但你覺得他在慧普擔任總經理也是巴結而來的嗎？」

　　不等 Q 回答，理查繼續說：「你應該知道美國人做事情是實事求是的，能夠坐上大位，應該要有兩把刷子吧！這個實力，除了展現在專業領域上，擅於溝通更應該是經理人其中一項重要的職能。你不是一直都很佩服我們硬材總經理的溝通能力嗎？」

　　「那你覺得他為什麼要這樣子對我？是不是他根本就不喜

歡我，想要趕我走？」

「我不知道，但我相信應該是有他的理由。你才剛轉職，需要時間適應。還記得嗎？你以前在這裡被客戶當狗一樣使喚來、使喚去的，我們還被他們當場摔手機、摔椅子對待，我們不是都撐過去了。我相信你沒問題的。」

兄弟就是兄弟，很挺他。「來啦，店家說這裡的芝麻葉夾三層肉再配點大蒜、獨門配方醬汁，是絕配。我再多烤點肉給你吃啦！」

邊大口吃著理查烤的肉、也邊思索著理查剛剛說的話，突然，Q 好像被雷打到似地：「哇靠，真的很好吃耶，來，我餵你一口！」邊說著，也將自己咬掉一口的食物作勢要放進理查嘴裡。反應快的理查雙手合掌閉上雙眼說：「施主不需客氣，貧僧心領了！」兩人又哈哈大笑了起來。

Q 打從心底感謝這位兄弟。理查是吃素的，因為兄弟知道自己喜歡吃烤肉，才選這家店的。於是他也幫理查烤了一些青椒、香菇，夾到兄弟的盤子上。

一會兒，喝完一口茶後，丟出一個他思索了幾週、但自己也還沒想清楚的問題：「我離職後去創業好不好？」

「蛤？你什麼時候有開公司的念頭了？」

「還不是我媽，她一直很有做生意的頭腦。我們只要在外面買東西、吃餐廳，她就會從價格跟品質評價人家。在她嘴裡，99% 的產品 CP 值都很低。每次只要發生這件事情，她就會轉頭過來跟我說：『你可以開一家這樣的店，生意一定比他好。』」

「那你媽自己怎麼沒去開？」理查睜大眼睛。

「就是說啊，我也這樣回她。她就會說自己年紀大了，我年輕，比較有機會。如果我要開公司，她可以資助我。」

「水喔。那你還在等什麼？」

「拜託～我媽跟我說的那些都是『不用開發票』的生意好不好！」

「不用開發票？不用繳稅不是很好？」理查收入很高，一聽到不用繳稅眼睛睜得大大的。

「不是啦，我說『不用開發票的生意』，指的是餐飲、雜貨那一類的小本生意。你沒看到有些店家貼一張『本店免用統一發票』，都是小成本、收入也沒有太高。我如果要開公司，要嘛，就是技術門檻要高；要嘛，就是商業模式要夠特別，那才有意思啊！教授也是這樣鼓勵我們的。」

「類似我們這樣的半導體公司？」

「倒也不一定。像我一位朋友開一家公司是『做抓漏的』。」

「靠夭勒，我以為你在說的是高科技公司，結果講一個抓漏的！」理查面露不屑表情。

「不要看不起喔。他的儀器，是可以在不挖開柏油路的狀態下，偵測出路面下哪裡有水管破掉了。這儀器還是從英國進口的，在沒有他的儀器之前，自來水公司常挖錯路面，惹來民怨。」

「哇靠，這感覺就像是掃雷儀器一樣！這是高科技，佩服、佩服。」理查抱拳作揖，表示欽佩。

看到Q一臉正經樣，「所以你已經想好要開什麼公司了？」

理查相當認真地凝視他。

看著門口燒肉店招牌一陣子的 Q，突然轉頭：「還沒！」這表情，很像《唐伯虎點秋香》劇中的華安。理查差點從椅子上摔下來。

看來理查是真心想要幫這位好朋友解套，於是一邊幫 Q 倒了冰麥茶，一邊說：「一句話，兄弟如果你要開公司，需要錢可以私下找我。在老婆不知情的情況下，我可以贊助一點。」

「不會吧？這麼有情有義！我也太幸福了吧！3F 中已經有 2F 要支持我了。」

「3F 是什麼意思？」理查好奇地看著 Q。

「我在上創業管理這門課時，教授說創業者初始資金通常來自家人、朋友或傻瓜。英文分別是 Family、Friend 及 Fool，統稱 3F。」

「哇，這麼有學問！那我是哪一個 F？」理查撐大眼睛地問。

「廢話，當然是 Friend 啊！」

「我還以為你將我歸在 Fool 哩！」

此時 Q 將右手掌立直：「阿彌陀佛！您是得道高僧，貧僧我永遠不會將您跟傻瓜劃上等號！善哉、善哉。」語畢，兄弟倆又是一陣狂笑。旁邊用餐的客人看不懂這兩人到底是在演哪一齣。

「問你喔，為何想要贊助我創業？」

「當然是對你有信心啊！如果開公司，就搖身一變成為生

意人了。你『一隻嘴猴溜溜』，很容易成功的！」

「您老師勒，給我明褒暗貶！」Q 作勢要用三層肉堵住這位貧僧的嘴巴。

聊到這，理查也沒有其他建議了：「你呀，叫你回來做業務，不要；說要開公司，也還沒想好要做什麼。那就再做幾個月，看看情況有沒有好轉。人家說，People join companies，but leave managers。會加入一家公司，通常是因為雇主品牌吸引人；而會離開一家公司，通常是因為主管。所以啊，如果你情況沒有改善，再將你老闆 fire 掉吧。兄弟我支持你啦！」

之後，兩兄弟就在練肖話中結束了燒肉店聚會。理查還載 Q 去清華大學旁、光復路上的車站坐車。路上也提醒了他：「越志是還不到 3 年的新創公司，雖然是企管顧問，但制度上一定也還沒有我們硬材那麼完整。你自己心裡可能需要調適一下⋯⋯。」

Q 沒有回話，只是看著前方車陣中的紅色車尾燈。

在搭新竹客運回台北的路上，他反覆思考著理查所說的話。其中一句「老闆有他的理由」讓他思考最久。不論理由是什麼，最近這樣實在不是他喜歡的，何況每天都要面對老闆。因此，他心裡設一個目標：就再給老闆一段的時間，看他表現如何。若不行，滿 1 年就走人。

而未來這幾個月，則需要同步思考：如果創業，要做什麼？看著窗外高速公路上疾駛而過的車輛，他腦海中突然跳出一個人：「對吼，怎麼沒想到，應該要來跟他聊聊的！」

第三回

先射箭，再畫靶

Q 讀羅東高中時，一位同班同學李俊凱，成績不怎麼出色，大學也考得沒他好，畢業後短暫在科技業做過 1 年業務就開始創業，做過筆電批發、過季衣服批發這兩項事業。為了支持同學，Q 還去買過幾件不算便宜的襯衫，而這兩項事業後來都以失敗收場。

有一段時間，他覺得李同學都已經失敗兩次了，怎麼還在那邊閒晃。明明後來也再進修、讀到電腦碩士了，為何不重新再找一份正職工作，領一份穩定薪水過活？有趣的是，轉眼間，人家現在卻已經是一位成功的創業家，做著廚具生意。

在跟理查吃完燒肉的這個週末，Q 約李俊凱在羅東興東路上的星巴克。彼此聊過近況後，李俊凱覺得老闆這樣對自己同學很不夠意思，也替他打抱不平。

「你電話中提到說想創業。所以，你想創什麼業？」李俊凱問。

「我還沒想清楚，所以才想問你。想說你創業經驗豐富。可以給我指點、指點。」

「失敗經驗也很豐富！」說完，兩人都大笑。

「有失敗，也有成功，才是取經好對象啊。我問你喔，當初為何創業？」

「老實跟你說，一開始，是因為不想再幫別人打工了。幫老闆打工他賺那麼多，那不如我自己來賺。所以，沒想太多就開幹了。你會有這種感覺嗎？」

「沒有耶！」

「那很好。因為，我們幾個創業朋友後來都有個感覺：這麼衝動的人很容易掛掉！哈哈。」自己邊說還邊笑。接著說：「我前面兩個創業都是這樣死掉的。」

「那你第三次為什麼成功？」

「我其實也還沒有成功啦，就只是還沒倒而已。」說到這裡，自己又哈哈大笑。李同學長相帥氣，輪廓很深，有點像台灣版的湯姆・克魯斯。同時，他也是個樂天派。接著說：「如果要說這次創業比前兩次還順利的原因，我會說是『先掌握客戶需求』。」

喝完一口拿鐵咖啡後，「什麼意思？」Q 嘴巴還有一些奶泡。

「我前兩次都是先有產品，才想辦法賣出去，不論是筆電或衣服都是。這一次我倒過來，直接透過 email，找到 Wallmart 的採購。說要請他吃飯，也想趁機問他有什麼商品是我可以提

供的。他吃了 20 盎司牛排後，跟我說『廚具』。如果我可以找到更便宜的廚具，他們會有興趣。於是，我就飛去廣東找製造商。然後，就一路做到現在啦。」簡短故事講完後，李俊凱也喝了一口美式咖啡。

「欸，游同學，你知道嗎？」喝完後，李俊凱補充：「當初飛去美國的機票、住宿已經花了不少錢了。我在餐桌上跟他說隨便點，這位採購居然還真的很不客氣地給我點了那麼貴的牛排，我當時心真的在淌血。害我回台後還吃了好幾天泡麵！」

「不過這投資很值得！」Q 接話。

「是超級值得。想不到他這麼給力。」

「再多講一些啦，怎麼可能這麼簡單就成功了。」

「我沒有說很簡單啊，這過程狗屁倒灶的事一大堆。即使現在是週末，剛剛跟你碰面前，我都還在聯絡美國客戶哩！而且我找到廣東那邊的製造廠，一開始只是個家庭工廠，品質一大堆問題。我那時候在廣東常常一待就是 3、4 週，就為了看品質。我們公司就我一個人，所有事情都自己來。」

「這個事業的技術門檻高不高？」

「哪有什麼技術？我也不是廚具背景的，而且你看廚具能有什麼技術？很低啦。」

「那你怕不怕人家改天也跑去請 Wallmart 採購，請他吃更大的牛排，單子就被搶走了？」

「所以我一段時間就要去美國，維持客情啊！之前有時候同學會我沒辦法到就是這原因。」

這時 Q 在想自己為何會認為創業要有高技術門檻，或特別的商業模式？李俊凱的產品技術門檻一點都不高，商業模式也很簡單，還不是很成功地幫他一年賺進 5,000 萬。

　　「你一開始的錢從哪邊來？」雖然 Q 知道李同學家裡有經商，算是口袋深的。但還是想知道是不是都由家裡資助、資助多少、自己要拿出多少錢等等。

　　「我有跟我爸借 200 萬，但其實一大部份是從我第一次創業的筆電買賣所賺到的錢在做的。」

　　「我上次聽你講，以為筆電買賣虧了一屁股？」

　　「其實是有賺啦，只是當時遇到壞朋友，挪用公司的錢跑路，我就收掉了。但也是個教訓，所以我在這次創業就不找朋友，完全自己來，財務也完全自己管。最近比較忙，才找我妹進來幫忙。」

　　「哇塞，還有這一段！」

　　「關於創業，我鬼故事很多啦，三天三夜也講不完。不只這一段，這一路走來就像九彎十八拐一樣，曲折很多。一開始一天工作 16 小時以上。但現在上手後，一週只要 3 小時就可以了。」

　　「是啊，我看你最近穩定了，還跑去美國學開飛機了！」李同學後來還拿到美國輕航機駕駛執照了。

　　Q 這時心裡有種奇怪的感覺。明明自己高中成績、大學考試的表現都比較好，自己應該是「比較成功」的那一位，不是嗎？怎麼以前「比較不成功」的李同學，現在倒像是一位探險

家，在台上充滿自信地在述說著亞馬遜雨林的冒險故事。自己卻成了台下聽眾。難道之前聽人家說「不喜歡唸書的，容易當上大老闆」是真的？

無暇比較這些了。現在的他只想知道，如果之後決定要將老闆 fire 掉，自己可以做什麼。

「不要都是我講。」李同學再喝一口咖啡後說：「你問啦，看你想問什麼。」。

「好喔。我直接問你，你覺得我應不應該創業？」

「我怎麼知道啦！我又不是你，怎麼知道應不應該！」一聽到這問題，李俊凱拉高音量：「我知道的是，要害人，就鼓勵他去創業。」說完又是一陣大笑。然後，板起臉，嚴正地注視著 Q 眼鏡後的雙眼，邊搖頭邊說：「說真的，我不想害你。」

「為何？」

「就很辛苦啊。」

「那我們認識這麼久了，」Q 還是不死心，繼續問：「你覺得我適合創業嗎？」

「這……，我很難回答耶。什麼叫適合？什麼又叫不適合？每個人的背景、資源、需要、想要都不一樣。我還真是不知道怎麼回答你！」李同學緊接著說：「況且，你也還沒有想到要創什麼業，不是嗎？我的感覺，**你是想逃離現在的工作，創業才變成是一個選項，而不是將創業當作首選**。欸，同學，這很不一樣喔！」

Q 被當頭棒喝到了！

李俊凱繼續補充：「有個觀察提供你參考。我看我們幾個創業圈的朋友，大家好像都有項特質：都很敢衝、不怕丟臉！」

「所以呢？」Q 不解李同學要表達什麼。

「從創業角度，就都會想盡辦法去找客戶，一直跟他們盧，很厚臉皮！」說完，自己又哈哈大笑。接著說：「游同學，你的臉皮好像比較薄吼！」

的確，Q 以前在羅東高中時擔任過模範生，自己知道當時是有偶包沒錯。畢竟那種男女合校、合班的環境，總是會有一點少男的矜持。不過，這些年來經歷過當兵、科學園區工作的種種歷練，他已經脫胎換骨，成了落落大方的男人了。

他不打算跟李俊凱辯解自己在他心目中的樣子，那一點都不重要。重要的是，他點醒了自己根本就沒有創業的動機。一切，就只是逃避。況且，創業的題目都還沒想過，目標市場在哪裡也沒思考過。

仔細想想，李同學的創業模式是「先射箭，再畫靶」的概念。先直搗黃龍找出客戶要什麼，再將產品變出來。也是這次深入跟李俊凱聊到創業的種種後，才真正發現他渾身充滿創業魂。「那自己呢？有這種創業魂嗎？」Q 心裡反思著。

他們以前聚會都是各付各的，但這杯咖啡 Q 很堅持要請。他知道李俊凱說的沒錯，自己現在是因為與老闆溝通不順，才想到創業。既然自己有這個發現，接下來策略就可以「一邊做顧問，一邊探詢看看市場需求啦！」他心中偷笑著。

想到這裡，他忽然豁然開朗了起來。

既然還要數饅頭，那就要找個機會好好的瞭解老闆黃豔文到底是一個什麼樣的人。雖然理查說他一定是有能力才坐上大位，但 Q 認為理查沒有跟黃豔文相處過，只是被他的經歷給唬了。他認為黃豔文一定是一個做作的人，人前說一套、人後做一套，他打算拆下這個假面具。最適合協助他拆除這個面具的人選，就屬老闆秘書，朱小蘋了。

‖ 第四回 ‖

老闆一定有他的理由

接下來這週的工作一樣忙碌，但因為緊接著就是週末了，週五傍晚六點，老闆跟同事們都下班了，辦公室只剩下小蘋與Q。心想：機會來了。於是他走到茶水間，一邊泡咖啡、一邊想著要如何切入這個話題時，沒想到小蘋主動關心起他來了。

「Q還沒下班啊？週末大家都走了，你沒有去跟女朋友約會？」

「喔，還在忙前進歐洲市場高峰論壇的規劃，老闆下週一說要跟我討論。」

「辛苦你了。這是我們公司成立以來所辦過最大規模的高峰論壇。老闆很高興跟我說，打算邀請他的老朋友慧普德國總經理、飛利浦亞太區總裁，還有台達電的創辦人來，這些都是他業界的好朋友。老闆應該很信任你才會找你來規劃，要加油喔！」

秘書朱小蘋是老闆的得力助手。在老闆身邊工作20年，與

各大企業老闆秘書熟稔，掌握台灣許多達觀顯貴的個人興趣與不為人知的秘密，也是公司的八卦女王。聽到她主動關心，Q連那沒泡好的咖啡也不管了，立刻瞬移到她座位旁，想揭開馬屁精、裝作一副聖人樣的老闆，他的真實面貌。

「跟著這種在政商界有威望的老闆工作 20 年不容易齁！」雖然這不是他的真心話，但也需要先從一個與小蘋直接相關的內容問起，試圖不讓她感受到自己想窺探老闆性格的背後目的。

「不會啊，你不要看豔文經歷很嚇人，但是對人相當尊重也很和善。而且他很幽默，在他身邊工作一點都不會有壓力。」在越志，彼此都是以名字稱呼，因此連小蘋也是直呼老闆名字。

「見鬼了，」Q心裡想：「我怎麼都感受不到他的幽默感！」看來，要更直接點。

「老闆為什麼會這麼受大家愛戴啊？」他覺得一定有鬼，想要發揮柯南精神，挖掘出其他奴才所不知道的秘密。沒錯，他覺得其他人對豔文都是畢恭畢敬的，簡直跟奴才沒兩樣。

「就像我說的，老闆很幽默，學識淵博又很好學，對許多議題都侃侃而談，大家都很喜歡他。」

「那老闆跟你的溝通模式是怎樣啊？」Q自覺很厲害，小蘋一定沒有發現自己想拆穿豔文假面具的目的。

「你所謂的溝通模式是什麼意思？」

「例如你要約老闆跟郭台銘開會，對方秘書一直給妳軟釘子、無法約成。妳去問他時，他會不會給你很明確的建議？」

「當然會啊，要不然我要怎麼往下做下去！」

「可是我最近有個小困擾，」Q試圖裝可憐，語帶平靜地說出這句話。畢竟跟小蘋也還沒那麼熟。「就是有時候問老闆一個問題，我得不到明確的答案。」

「怎麼會這樣？這不像他的風格啊？」

聽到這句話，Q就更加確定這位老闆前後不一的行徑被自己抓到了，也跟著說：「對啊、對啊，以前我的老闆也不會這樣啊！現在我問豔文一個問題，他常常只是回答我『喔』。我都不知道這個『喔』是代表什麼意思。」他幾乎是將向理查抱怨的話原封不動再講一遍。

小蘋感受到了Q的無奈：「那以後你就直接跟老闆說你不知道這是什麼意思、繼續追問下去啊。」

「我曾經試著這樣說過啊，結果老闆就笑笑地回我一句：『你不要什麼事情都來問我嘛！』雖然他笑著回答我，但也好像在暗示我很笨一樣。所以每次他講『喔』之後，我倆之間的空氣就像是凝結了一樣，尷尬了好幾秒，場面超級冷。我就會被逼著說：『那我再回去想想看。』」

「唉唷，老闆在職場上這麼多年什麼樣的人沒有見過。老闆的道行遠在我們之上，我們跟他的距離，恐怕連車尾燈都看不到。他會這樣跟你應對，一定有他的理由的！」她邊說邊收拾東西。看來是準備要下班了。

「哇靠，」Q心裡OS：「怎麼你跟理查講同樣的一句話呀！」一直沒有挖出老闆假惺惺的一面，索性回到茶水間倒剛剛才泡好的咖啡。

小蘋似乎看出 Q 對老闆有些質疑，隨意拿出八卦寶盒中的一件事情分享：「你知道他以前曾經被政府高層徵詢過擔任經濟部長嗎？」

　　「不會吧，經濟部長！」喝了一口的咖啡差點噴出來。

　　「對。你不要跟別人說喔，很多人問，他都沒有正面回覆。老闆不喜歡政治圈那種看長官臉色做事的文化，因此婉拒了邀請。據我所知，對方還以「給你最大發揮空間」為由進一步想說服他，但老闆不是官場小白，他覺得自己從外商到這種官僚式的組織實在難以發揮，最後還是堅決婉拒了。」

　　Q 這時想起他在跟理查抱怨時，曾說出了老闆是一個很會巴結的人。心裡想：「他會不會是『夭鬼假細禮』？」

　　「你知道老闆為什麼要創立越志嗎？」小蘋繼續說：「是因為看到台灣有很多公司在國際化過程中碰到挑戰，因此想創立顧問公司來幫助台灣企業走向全球。他在慧普退休時就想創立了，後來是諮策會董事長這個位置許多人想要爭取，政府高層喬不攏，於是就請託老闆這位具有資訊業界聲望，且為人又正直的人士來擔任。」

　　聽到這裡，Q 想起之前在政大 MBA 讀書探討台灣企業個案時，的確看到許多試圖國際化的公司碰到瓶頸，當時的他也想過自己學企業管理，未來是否有機會幫助到他們？因此聽到小蘋講這一段時，覺得老闆的表現還不錯，跟自己的價值觀有點接近。

　　小蘋：「欸，好了、好了，我 7 點有個肚皮舞的課，要趕

快走了。改天再聊！」46 歲、身材維持很好的小蘋，肚皮舞是她每週一定要去上的課。

「好喔，週末愉快！」

小蘋離開後，他坐在位置上，辦公室只剩他一個人。將雙手放在腦後，看著天花板，沉思著剛剛的對話。「慧普董事長、諮策會董事長，現在連經濟部長都來了，政府高層應該不會找一個豬頭擔任這麼重要的位置吧！」想到這裡，自己也笑了出來。「也許這個人沒有我想的那麼差勁，還是有可取之處。」

下班後，Q 跟瑪莉買了鹹酥雞坐在公園聊天。聊到了理查跟小蘋所講的內容時，她也說：「對啦，你也才進去 3 個月而已，人家不是常常說一個工作至少要做滿 1 年再轉換比較好，要不然下一家面試公司會認為你的定性不夠，也不敢錄取你呀！」

「哇塞，」Q 笑著回應：「你這個鐵飯碗的老師也知道業界的生態呀，佩服、佩服！」接著說：「我就說我老闆很不會溝通啊，每次一碰到問題就只會『喔』、『喔』地回答我，所以我就將老闆 fire 掉啦！」

「如果知道你老闆的顯赫經歷，」瑪莉說：「對方會相信你還是你老闆？」

他作勢將嘴巴嘟起來靠近瑪莉：「好問題！來，親一個！」

在將最後一口雞塊放入嘴中後，「妳覺得我去『窗業』好不好？」嘴巴鼓得大大地說。

「你在說什麼啦，吞下去再說啦。」

從瑪莉手上接手綠茶，喝了一口後：「我說，如果我離開

越志，去創業好不好？」他很清楚自己還沒有要創業，但想探探她的想法。

「不要吧？創業失敗率不是很高。我小時候一位同學的爸爸開公司，後來還欠錢跑路，我們同學都覺得她很可憐。」

「喔。」Q沒多說什麼。看來，瑪莉對自己創業的想法是持負面態度的。

經過這幾天密集跟理查、李俊凱、小蘋及瑪莉聊過後，Q很明確後續的方向了：先專注在越志的工作上再說。

有了這個大方向，他也決定調整心情，以不同的心境來面對接下來的工作。有些話，只能跟外人說。還好有理查這位不認識越志同事、卻懂得自己的好友。他知道，當天在燒肉店的聊天，對自己的心境轉換很有幫助。

也還好，有跟李俊凱這位創業成功的好同學一起喝咖啡。瞭解到不要因為在工作上受挫了，才去想到創業；而是要有明確的創業動機、目標客戶，再來創業。

幾週後，他加入了陳如梅顧問主持的一個顧問專案。因為全心全意投入，他逐漸將與老闆之間的溝通問題拋到腦後。

進入越志後，Q 有寫管理筆記的習慣。會將所見所聞記下，作為學習要點。跟瑪莉約會後的這天晚上，他坐在書桌前，將左手橫放胸前，並以右手拇指拖住下巴，這是他在沉思時慣有的姿勢。此時的他，很像一座雕像。

他一邊思考、一邊在筆記本上列出幾項議題，想作為之後的反思重點：

1. 瑪莉說的沒錯，大家的確都說一個工作最少要做 1 年。但如果老闆還是持續不喜歡自己，甚至變本加厲，我應該堅持繼續在越志工作嗎？

2. 若轉職，我可以去哪些公司？這些公司為何願意用我？

3. 自己是否是因為從一家制度完整的大公司加入越志這家新創公司，才會對老闆有這種「說話要百分之百清楚」的期待？這期待難道是錯誤的嗎？

4. 我如果創業，要的到底是什麼？一定要有高技術門檻或特別的商業模式？李俊凱這種簡易、卻可以獲利的商業模式有何不可？

5. 假定老闆黃豔文沒有討厭我，這樣對待我的理由可能是什麼？

第二章

商業模式

陳如梅：

「一個是市場規模比較大，但競爭者眾；一個是市場規模小很多，但競爭者少。你會選擇哪一個市場？」

第一回

別鬧了，技術法人要創業？

「Q，你下午若有空，跟我去一趟『台灣尖端研究院』。」
隔著小走道，辦公室裡坐在他隔壁的顧問陳如梅，拉起西裝褲
管、邊穿著膚色短絲襪邊說著。看來如梅打算出門了。

「你說的是擁有台灣最先進科技的那～一～個～單～位～
嗎？」他有點不敢相信自己聽到的話，轉過頭，放慢速度，慎
重地跟如梅確認。這時他被如梅白皙的小腿吸引住，想不到她
擁有一雙這麼漂亮的雙腿，這是 Q 進公司以來第一次看到。

「是的！」如梅轉頭看著他點頭，也看到他正往下看著自
己的腳，大聲說：「喂，你在看哪裡啊！」

「呃，看到妳褲管好像有髒東西，」被抓到了的 Q 趕緊說：
「應該看錯了。我下午可以。」

「那請你先去訂下午 1 點前可以到達高鐵台中站的票 2 張，
我們跟對方約 1 點半開會。」

陳如梅 33 歲，是比 Q 大 5 歲的專業顧問，美麗與智慧兼具。

專業搭配溫柔的笑容，是她說服客戶的最佳利器，雖然在辦公室很少看到她的笑容。公司內，如梅給人難以親近的形象，卻是 Q 進來越志後私下愛慕的對象。她年輕，卻已有 8 年顧問經歷，執行過許多不同領域的專案。

雖然還有高峰論壇在規劃著，但台灣尖端研究院這個半官方的法人單位對 Q 這位好奇寶寶而言，具有致命的吸引力，當然要跟。它掌握台灣各種尖端技術的研究發展，包含醫療科技、軍工、半導體、農業、人工智慧、創新材料等。對 Q 這位曾經的技術咖，這單位是殿堂，萬萬想不到今天有機會朝拜。

媒體曾報導，這單位研究太強，接受過以色列及美國軍事及情報單位委託，開發先進的尖端科技。他們表示：「不予置評。」他認為，這就是承認的意思了。也因此，這研究院的神秘感，長期以來一直強烈地吸引著他。

懷抱著超級期待的心情，Q 跟著陳如梅顧問來到台灣尖端研究院大門口。「您好，我們是與張中興所長有約的越志全球顧問公司。」如梅對警衛室的人員說著。

「好的，請兩位提供有照片的身分證件。」

1 分鐘後。「好，我有看到你們的預約了，請兩位交出手機以及筆電。」

「蛤？為什麼要交出手機以及筆電？」

「噢，我們這裡是管制區，這是我們的標準程序。」

如梅不解地問：「可是如果把手機交給你了，那我們怎麼跟張所長聯絡？」

「我們已經通知他的秘書，他們會派人來接你們進去。」

如梅還是納悶的繼續問：「那為什麼要交出筆電？」

對方似乎每天都會被問 1,000 次這個問題，表現出不耐煩的表情並指著牆壁上說：「這是我們的規定，妳看一下。」連「請」這個字都懶得說了。如梅覺得程序很繁瑣，Q 倒是見怪不怪。

幾分鐘後，一位男子走進警衛室。「您好，我是陳有恆，是張所長的部屬。我來接你們進去。」陳有恆的裝扮看起來非常熟悉。身高約 175 公分，穿著白色短襯衫，搭配著墨綠色褲子，還戴著一副鏡框遠大於眼睛的眼鏡，眼鏡的下緣都已經快要到臉的一半位置了。這一看就是典型的工程師。

園區非常大，也綠意盎然。在陳先生開著車載如梅及 Q 往開會地點的路上，Q 一邊看著一棟棟排列整齊、又了無生趣的灰色水泥建築物，如梅則是一邊問著陳先生：「你們訪客進來的程序怎麼這麼嚴格？」

「不好意思造成你們的困擾了。我們這裡有台灣最先進技術的研究與開發，要求比一般外面的公司多一點點。」

「不只一點，是很多點。我還真是沒有遇過連手機跟筆電都不給帶進來的單位！」如梅語帶抱怨。

當如梅講到這裡，Q 心裡倒是暗笑著：「原來如梅妳這麼嫩啊？我以前要進去半導體工廠前，手機、筆電也是違禁品。這是對智慧財產權保護的標準措施。」

陳有恆接著如梅的話說：「因為手機可拍出高解析的照片，而筆電可以儲存機密資料，對我們這種單位而言，都是需要嚴

格管制的。」

「如梅，這樣你懂了吧？多學著點啊！」Q 心裡拿翹著。

他繼續說：「不只外部人員有管制，內部人員也非常嚴格。上層要求我們通訊軟體只能使用我們自己開發的，其他商業公司的不能使用。」這單位的資安要求比一般公司高出許多。

說著說著，陳有恆就帶他們來到了開會的場所。「兩位好，我是張中興，」並以手勢介紹左邊這一位：「這位是李靜安博士。歡迎你們來到台灣尖端研究院。」相較於 Q 的 172 公分，張所長身高 183 公分，英俊挺拔，聲音宏亮，很有主管的架勢。

「張所長、陳博士、李博士，三位好。我是陳如梅，這是我同事游品蔚。」Q 知道，她的笑容即將讓張所長侃侃而談，毫不隱瞞，尤其當對方是男性時更是如此。「人美真好。」他心裡笑著。

待大家坐定後，如梅就直接詢問：「請問有什麼是越志可以幫上忙的？」張所長調整了一下椅子的高度，好讓他接下來可以舒適地說明碰到了什麼管理難題。

「是這樣的，兩位顧問應該很清楚，台灣的大學及法人組織裡，有許多學術論文的發表。現在政府想要將這些深鎖在櫃子裡的技術給商業化，尤其是有專利的技術。我們院長指派我們這個單位承接起這一項任務。」Q 於是看了一下名片，上面寫著：「張中興，台灣尖端研究院第一所所長。」

「問題來了。」張所長繼續描述：「技術我們很熟，商業，我們則完完全全是個門外漢。上頭交付給我們的任務，是將團

隊拆分到外面去成立新公司。這個流程我們並不熟，更沒這方面的專業。而且就我私下詢問，同事們對於拆分後到新公司任職的意願都不高。因此，我需要外部顧問的協助。」

「等等，」Q心理OS：「你們這些技術人員要出去開公司？別鬧了吧？」

不等他理出個頭緒如梅就問：「請問上頭給予的目標是要拆分成立幾家公司？」

張所長：「去年到今年目標是兩家。但去年一整年過去了，一家都沒有成立。我們有不少技術是世界少見的，很強。因此一開始是蠻有信心的。後來才體會到，創立一家公司不是有最厲害的技術即可，還需要有市場、有團隊等。我們過程中有跟院長定期回報，他覺得我們這樣閉門造車也不是辦法，最後才指示引進外部專家的協助。」

「請問一下，」Q好奇問：「為何會聯絡到我們公司？」

「喔，是這樣的。」陳有恆接話。「在什麼資訊都沒有的情況之下，我們剛開始是聯絡一位產學合作過的台灣科技大學教授。但這位教授建議我們找貴公司，他說你們的實務經驗比較豐富。」

Q心裡竊喜：「想不到越志是會被大學教授推薦的管顧公司，真不賴！」

如梅：「所以，你們被賦予的任務是在今年底之前總共要成立兩家新創公司，是嗎？」

「嚴格講起來，是的。」張所長：「分別就是陳博士的團隊，

以及李博士的團隊。但是因為過去這一年沒有成果，內部於是有個聲音，是否目標要做調整。但因為我們這種單位上級交辦一就是一、二就是二，目標要改變，沒有辦法由我們自己提出。因此我想請教兩位專家：在今年成立兩家公司是有可能的嗎？」

張所長在說「請教兩位專家」時，眼神也從如梅的臉上移到了 Q。這位菜逼巴的年輕顧問覺得受到重視，因此將身體坐得更挺直，一邊在想自己是不是要擠出幾個字來回應……。

如梅沒讓 Q 有機會講話，立刻以另一個問題來回答：「當然有可能，但有一個問題我要先釐清。那就是：院長重點是公司的數目，還是公司要具有市場競爭力？」

「這真是一個好問題！」張所長看著左右兩邊的李博、陳博後，轉回頭微笑對著如梅說：「當然是兩者兼顧最好啦！」

如梅也拿出她那招牌又足以融化男人心的笑容說：「所長，這兩個方向所要花的時間跟資源是不一樣的喔。如果只是要成立公司，你們是可以自己來的，現在要申請註冊一家公司程序已經很簡化了。但如果你們想成立的，是一家具有市場競爭力的公司，就要好好規劃，我們就可以從商業計劃書，也就是 Business Plan，或是我們更常說的 BP，來開始。」

張所長：「BP 我聽過，但不熟。可以請妳再多說一點嗎？」

如梅看了一下所長放在桌上的手機：「以您的手機為例。當初賈伯斯找了矽谷知名投資者『紅杉創投』來看他們的技術，紅杉看到技術驚為天人，卻投不下去。原因是有經驗的投資者如紅杉，清楚知道有技術不代表就有市場。因此，投資者花了

幾週跟賈伯斯共同寫出了 BP。這份 BP 說明了這家小公司的未來可期，投資者也就投注了 25 萬美金，造就了公司後來順利發展。」

「我們院內許多技術絕對不輸美國尖端科技單位。」張所長補充。

「我想也是。」如梅說：「現在的你們就如當初的賈伯斯團隊一樣。有尖端技術，但是對於商業規劃並不熟悉，所以還不知道商業價值有多大。因此團隊沒有信心要出去，院內長官也不知道該挹注什麼資源給你們，大家就是卡在這裡。」

「對、對、對，就是這樣，你說的完全沒錯！」張所長一聽完立刻就說：「陳博士跟李博士兩個團隊的人員加起來 25 位，都是技術開發人員。聽起來，我們就是缺這一份 BP。有了它，就可以成立公司啦！哈哈哈哈！」張所長似乎從如梅的回答中得到了救贖，高興地大笑了出來。

「等等，所長。」如梅似乎察覺到張所長太過樂觀，趕緊補充：「賈伯斯是因為 BP 寫完後，顯示產品創新性會創造出不少新市場客戶，但不是每家新創寫完 BP 後都有發展性。即使一開始在 BP 中顯示有機會，但隨著公司成立、營運之後也會逐步發現現實世界與當初 BP 規劃是不一樣的，例如產品開發時程過長、資金不夠、核心團隊成員離職等等。以我們經驗，新公司是不會完全按照所寫的 BP 來運作的。」

張所長緊接著問：「既然如此，那 BP 的功能到底是什麼？」

如梅：「BP 在撰寫的過程中，參與的核心成員會知道這家

新公司的願景與方向，以及朝該方向走的原因及步驟。想像一下，你被矇住眼睛，直升機載你到深山裡，什麼也不給你，很難脫困吧！但給了你 GPS 衛星定位系統，你就相當於擁有了地圖、也知道方向，就容易解救自己。BP 就像是 GPS。」

Q 很快聯想起 BP 其他功能：說服女朋友！怎麼說呢？當初要離開半導體界而考慮顧問業時，越志是一家新創公司。相較於硬用材料這家全球大公司，越志的不確定性很高。但因為豔文有一份 BP，裡面有願景及使命，也因此在穩定教育界工作的女友，並沒有持太大的反對態度。

聽完如梅清楚又完整的說明後，張所長轉頭看著他的同事，邊點頭也邊以堅定的口吻說：「看來我們的確是需要一份 BP 沒有錯！」

張所長轉過頭來繼續說：「而且聽起來，一份 BP 就要花我們團隊不少的時間跟精力，我們今年恐怕只能針對其中一個團隊來做了。顧問你們覺得呢？」

如梅：「先從一個團隊開始是好的！未來有一項工作是收集產業資訊，包含市場規模、潛在客戶、供應鏈、競爭者資訊，並從中找尋公司定位，這部分是最花時間的。而貴單位是技術研究型組織，平常不需接觸市場，花的時間將比一般公司還要長。」

「我們陳有恆博士很想出去創業，」張所長拍拍他的肩膀，繼續說：「他已經跟我講過 N 次了，他手邊的這項技術很有市場機會，甚至可以賣到國外去，也請我們院內高層未來要投

資他們。雖然他跟我講許多創業的事情我都聽不大懂，但是我知道他有熱情！其他團隊成員都還很猶豫，我們陳博士倒是很衝！」

看著靦腆笑容的陳博士，「想不到戴著大眼鏡、看起來這麼剛毅木訥的人，內心居然有一把火～」Q心裡想。

坐在另一邊的李靜安博士，倒是面無表情。不知道會不會因為沒有受到張所長青睞而心裡不是滋味。

「那太好了，創業就是需要有敢往前衝的人。」如梅說：「另外我補充說明，在撰寫BP這件事情上的合作模式有兩種：第一種是完全由我們顧問來寫，客戶提供我們所需要的資料；第二種是我們以手把手教的方式，帶著客戶來寫。我建議，如果合作，就採第二種，手把手教模式，這對之後要成立另一家公司也有幫助。」

張所長：「好的，有道理。我也來跟院長溝通，今年底之前我們就好好的完成第一家公司的BP，同時也為第二家的BP來學習跟準備。那我們後續要怎麼開始？對了，今天的費用怎麼算？」

「今天當然不用付費啊，」Q笑著說：「我們今天是來瞭解你們的需求並探討彼此合作的可能性，不需要付費的。」

張所長微笑著說：「那今天真是謝謝你們了。帶來許多我們所不知道的知識，也開了我們的眼界。當初應該早一點找你們來談的，我們也不用在裡面閉門造車。」

「不客氣的。後續我們會準備一份提案企劃書，裡面會有

專案範疇、執行內容、時間、費用等資訊，簽約後我們就可以開始執行。最後請問在我們手把手教之下，貴單位會由誰來撰寫這份 BP？」

張所長轉頭拍拍陳博士的肩膀：「當然是我們衝、衝、衝的陳有恆博士！」

第二回

不可能的任務

　　整場討論花了 2 小時，對 Q 而言是個非常新鮮、有趣的過程。然而，一上了計程車，如梅卻立刻說：「這是個不可能的任務！」如梅擁有女性生物特有的超強直覺，加上顧問業 8 年的經驗累積，讓她說出了這句話。

　　Q 有點摸不著頭緒：「怎麼說？剛剛 2 小時討論下來，氣氛很融洽，張所長對妳的專業看法也很買單，不是嗎？」

　　如梅：「我說的不是簽約。而是簽約後，要將這個案子做好，簡直是不可能的的任務！」

　　他不懂。今天這樣的業務洽談，不是應該關心能否簽約？為什麼如梅會擔心簽約之後的事情？

　　還沒等到 Q 詢問，性急的如梅就自己說了：「他們不具有一般商業公司營運的知識與心態。知識不難，我們可以教授，難的將會是心態。他們的心態與一般商業組織差異極大，這會是最挑戰的地方。」他還是沒有完全參透。

看到 Q 的疑惑，如梅繼續說：「我們曾經做過電子五哥這樣大集團的新事業拆分，他們雖然也是一群技術人員要出去成立公司，但因為集團每天都在市場上打仗，因此你可以想像他們的市場敏感度很高。我前一陣子在南港展覽館的醫療展碰到總經理，他還當面再次謝謝我。代表這個拆分案是真的很成功。」

她突然發現自己沒有繫上安全帶。轉頭繫上後，繼續說：「今天這單位，平常不需要跟市場來往，他們是活在自己的尖端技術巨塔裡，我們帶著他們討論出 BP，難啊！要成立一家營運上軌道的商業公司，更是不可能的任務！」

「請容許小弟問一個傻問題。」Q 問：「接到案子我們公司不就賺錢了，最後即使客戶不滿意，他們還是要付費吧？還是，你預期任務更難，在同樣的委託費用下，本案需要付出更高成本？」Q 剛從 MBA 畢業，學校教得好，很關心越志自己能否賺錢。

如梅：「好問題。先回答第二個問題。是，同樣委託費用下，越志需付出更高成本！第一個問題答案是不一定！姐姐我好好跟你解釋啊！」

Q 右手舉到眉間，作勢敬禮：「感謝長官！」

如梅因為 Q 這個白痴舉動噗哧笑了出來：「我們跟客戶合作的案子，有一類是 95% 以上靠我們顧問自己的工作完成，與客戶本身的管理成熟度無關，例如市場研究類。另一類就會有關，例如本案。」如梅是很專業的顧問，因為在計程車上，刻

意不說出單位名稱，即使還沒成為越志客戶也謹守保密原則。

如梅繼續說：「本案，是我們帶著客戶產出最終內容的專案。我們會藉由方法學架構，帶著客戶多次討論、蒐集資料，以進行階段性產出。每一次資料的廣度及深度，會決定出該次階段性產出的品質。所謂『garbage in，garbage out』，如果這次產出品質不佳，之後的產出內容就不會好。」

「常常，客戶不懂得判斷這階段產出的好壞，但我們知道。因此，為了避免最後產出垃圾，有時候會需要多一些工作。這時候，要嘛，就是我們跟客戶多要一筆預算；要不然，就是我們自己吸收這些額外工作。但經驗上，這些中間才跑出來的額外工作，要客戶再撥出一筆預算，有難度。」

「原來如此。所以妳才說成本會比較高。那，關於第一個問題，若客戶不滿意，會不會付錢？」

如梅：「雖然我們公司這樣的情況非常少，但也的確發生過一次。客戶付了頭期款之後，我們開始執行。執行到一半，客戶就不打算付之後的款項了。為了這情況，我還特地買了得獎的阿里山茶葉飛到廣州去跟總經理談判。」

Q試圖安慰如梅，雖然也不知道有沒有效：「不過電影《不可能的任務》，後來每一次都完美收場。不知道是哪裡來的信心，但我就是覺得姊姊妳沒問題耶！」此時將握緊的右拳往自己的大腿用力敲了下去，強化自己這句話。「噢，好痛！」他打太大力了。

原本陷於愁容的如梅，此時被Q的白癡動作逗得開心一笑：

「最好是啦！」看來以前在半導體廠時撩作業員的功力還在。

聊到此，計程車也開到高鐵站了。如梅下車後，Q 看了機器顯示車資 450 元，於是拿出 500 元鈔給司機。司機邊找零錢邊問：「剛剛聽你跟同事聊天感覺很專業耶，雖然我都聽不大懂。請問你們是做什麼的啊？」

「企管顧問。」Q 回答。

「企管顧問是做什麼的啊？」

「有點像是公司的醫生。當公司有經營管理的問題時，可以來找我們。」

司機將收據跟 50 元交給 Q 時：「這麼厲害，所以公司裡各種病都可以找你們哦？」

「沒有啦，我們比較專注在解決董事長、總經理及高階主管，我們叫 CXO 這個階層的管理問題，包括策略、公司成長這方面的議題。」

司機切換到台語：「哈哈哈，歹勢，聽嘸啦！」

Q 也以台語笑著回：「無要緊，我女朋友聽我講 3 個月的工作，也是聽嘸我在做什麼！」然後就將 50 元還給司機：「這是小費。」

由於覺得如梅剛剛在會議室跟張所長的你來我往太厲害了。上了高鐵，這位好奇寶寶打算繼續問下去。其實，如梅這幾個月也在觀察這位年輕人的學習能力及態度。「不懂不要裝

懂」，是企管顧問很重要、也很基本的態度。看來 Q 在這方面目前表現得還不錯。

「問妳喔，為什麼剛剛你要跟張所長講真實世界幾乎是不會按照 BP 來運作的？妳不怕他會認為 BP 無用，就會斷送我們跟他們的合作機會嗎？」

如梅：「原因很簡單，因為我們過往協助客戶撰寫 BP 的專案都是這樣啊。年輕人，姐姐跟你分享一個越志的價值觀喔。那就是：我們不會為了要拿下單子而去說客戶喜歡聽的話。你剛剛跟司機比喻的很好啊，我們就像企業的醫生一樣。要說的，是客觀的實話。」

「那雙方合作上為何你不主推第一種我們全包的模式？這樣他們要成立的第二家公司也還是需要我們的服務啊？你用手把手教的模式，他們一旦學會了，我們不是只能跟他們做一次生意而已！」

如梅：「全包模式，他們難以衡量我們花的時間，難簽約。手把手教模式，他們會看到我們的存在，比較有機會成案。」

理解後，Q 緊接著問：「你在說明 BP 功能那一段的時候，用 GPS 來比喻 BP 真是高招啊，怎麼會想到這樣來比喻？」

「企管顧問的服務是很無形的，因此我們需要以對方聽得懂的語言來跟他們做比喻，他們比較容易理解。」

看到 Q 這麼認真，如梅也繼續補充：「另外，客戶有時候會處於一種『They don't know what they don't know』的狀態。本案，他們曉得他們自己所不會的部分，因此透過外部顧問

的專業協助成立一家商業公司，這叫做『They know what they don't know』。但這本質上是創業。而創業要成功，就一定要談商業模式。他們所不曉得自己不會的那部分，其實是商業模式。」

看到他好像懂，又好像不懂，如梅於是繼續說：「這幾年我們公司深入輔導不少理工醫農科系的大學教授，裡面有不少人認為擁有世界級的技術，產品就會熱賣。根據我的觀察，抱持這種心態來創業者，失敗率有九成以上。因此，我們常協助的是客戶不曉得自己所不知道的部分。這是比較深層的議題，只是，客戶通常不曉得。」

Q 懂了。也許是因為初生之犢不畏虎，他對本案還蠻樂觀的：「我看那位陳博士不只是一位技術咖，也有創業的熱情，他應該有機會像一塊海綿快速吸收我們給他的管理知識。就像以前我也是一位技術咖，現在也正在快速地向如梅「您」來學習管理知識啊！」說「您」時，雙手還在空中比出一個雙引號的樣子。

「臭小子，我有那麼老嗎？還給我用『您』。我看，你可要付我顧問費才行！」

回到台北辦公室，如梅已經離開，Q 將今天所見所聞跟小蘋分享。也提到如梅向 Q 分享越志公司價值觀的事情。

小蘋這時說了：「說到公司價值觀，還不只這樣咧。你知

道嗎？如梅還曾經直接跟一家電腦公司總經理推掉一張 7 位數字的合約呢！」

Q 心裡算了一下：「哇塞，那是百萬等級的合約耶。雖然還不清楚對越志而言這是大案子還是小案子，但記得之前在政大商學院讀書時，聽教授說過大學老師鐘點費是 1,000 元都不到，所以如梅推掉的，算是個大案子。」而且，「越志這家新創公司是不缺錢嗎？為何要將客戶送來的錢往外推？」

「那是關於國際市場拓展專案。第一年客戶很滿意，但好像是他們內部制度的關係吧，做完專案後行銷人員都離職了。總經理雖然想持續委託越志，但如梅判斷，客戶花了錢，成效可能會是去年一半都不到，因此與對方總經理懇談後建議暫停。總經理聽完之後，不但不生氣，還很感謝如梅對他忠實以告。」

聽到這兒，Q 簡直是愛死如梅了，就這樣拒絕一家公司總經理的百萬委託案！

小蘋繼續說：「如梅會這麼做，除了她自己很有個性以外，老闆在公司設立之初就說了，我們要利用資訊不對稱來賺錢很簡單，但公司要以關懷客戶的角度跟他們成為長久信任的夥伴。我也是因為欣賞老闆這個人，才跟著老闆做事這麼多年。要不然，我早就想退休了。」

小蘋看了手錶：「唉呀，跟你聊著又差點忘了我的肚皮舞課。不跟你說了啦！」於是就開始整理起包包。

臨行前，又轉過頭：「欸，你知道如梅的老公是醫生嗎？」看來八卦盒又打開了。「老公醫生，加上原本她在外商也是高

階主管，她其實不缺錢的。當初老闆要創業成立公司時，她是主動向老闆提議說要加入的。我是搞不懂啦，跟外商比，畢竟我們是一家小公司。我是覺得她有點傻，不過這是她自己的決定就是了。唉呦，真的不說了，要遲到了。拜拜、拜拜。」

小蘋下班後，辦公室只剩下 Q 一個人。

他回顧今天覺得相當充實，也將今天的所見所聞及自我學習，在筆記本上記錄下來。而如梅簡直是神，不對，是女神。除了專業，人還長得漂亮哩！他暗自心想：以後一定要多跟女神的案子！

選教授？還是選顧問？

　　雖然如梅認為是不可能的任務，但還是有意願協助台灣尖端研究院拆分成立新創公司。反而，在張所長團隊這邊有人對越志持反對意見。

　　在陳有恆送如梅、Q 到警衛室，並回到辦公大樓後，張中興所長跟李靜安博士已經在會議室裡面等著他回來。想針對剛剛與越志的會議，進行決議討論。張所長是一位勇於任事的高階主管，針對這件高層交辦的任務，在找越志來談之前，已經跟一位台灣大學化學系教授談過。因此，在有時間壓力之下，他想在今天就從這兩單位中排出優先順序，以利後續洽談簽約、執行。他一刻也不想等。

　　「來吧，在跟台大教授與越志都分別談過後，你們認為怎麼樣？比較想跟誰合作？」張所長問。

　　「我覺得越志。」陳有恆先說了。「今天這樣一路談下來，他們比較有協助創業的經驗與方法。」

「我會選台大教授。」擁有陽明交通大學資訊工程博士學位的李靜安說：「台大化學系教授是化學原料方面的技術專家，跟陳博你們團隊的專業領域比較接近。而且教授也說他有協助過類似技術的團隊發展產品的經驗，也有學生在相關產業擔任總經理，未來還可以介紹我們產品給他的學生。」

李靜安也是張中興所長的部屬，跟陳有恆都是工程主管，只是負責不同技術的發展。博士班畢業後，於台灣尖端研究所服國防役，一路從工程師做到技術主管。是研究院內公認最頂尖的 AI 人才。相較於陳有恆的熱血，他行事內斂、個性保守。

「可是，化學系教授協助了陳博創業後，他的技術專業跟資源怎麼協助你明年創業？」張中興看著李靜安。「也許，我們可以再找一位人工智慧領域的教授進來幫我們？」李靜安這麼說著。

「這樣就可惜了，」張中興說：「我是希望大家可以從一家合作夥伴中，就學到開公司的方法與流程，我們自己進行內部複製，再開第二家、第三家公司。畢竟，每開一家公司，就要遴選一次夥伴，會花我們大家不少時間。這都是成本。」

「對不起，」陳有恆接話：「我剛剛還沒有表達完整。我會選越志，是因為陳顧問剛剛在描述我們在準備拆分工作時，都是從定位、市場、客戶角度等思考。而這些角度，是創業過程中重要的環節。產業經驗，我倒覺得不是重點。我在想，外人再怎麼樣，也不會比我們還懂自己的技術。」說到這裡，他有點不好意思抓了抓後腦杓頭髮並說：「其實，我以前自己開

過公司，但失敗了。而剛剛越志所談的那些，就是當年我自己反省後所欠缺的專業能力。」

「但是，」張中興說：「我再丟出一個構面我們大家思考看看。我們研究院跟一般私人企業運作方式不同，國立大學的教授會不會比較熟悉這樣的文化，在配合上比較好？」

「對、對，我剛剛也是有想到這一點，忘了說。」李靜安接著。

「我有想到這點。」陳有恆說：「所以我當初在聯絡台科大教授的時候有問。越志的確有協助過大集團拆分過新創事業的經驗，但，也說越志曾經協助過公研院跟諮策會的技術團隊拆分出去成立公司。我上網查過，那兩家公司現在也都還在。」

「是哪一個集團公司？」張中興好奇地問。

「教授沒說、我也沒問。但我當初的著眼點是越志與法人組織合作的經驗，這對我比較有說服力。」

「嗯，陳博，你動作真的很快。看來，你真的很想要再次創業。我想我知道你的意向了。李博，你還有沒有什麼意見？」

「費用呢？越志的費用應該會比台大教授高吧？」李靜安似乎還是鍾情於台大教授。

「就我以前在業界的經驗，的確會比較高。」陳有恆說。

「經費的問題交給我。」張所長接著說：「我們去年一家公司都沒有成立，院長要我今年一定要完成。時間剩不到半年，現在對我而言，輔導效果比什麼都重要。要我再多一點預算來幫助你們兩位創業，我都願意。倒是陳博你要加快腳步，李博

你也要從中學習，明年主角就換你了！」

其實，張中興還少關心到一塊，就是瞭解陳有恆太太的態度。基本上，拆分出去，對於任職者而言，就是離開一家穩定的大公司，到一家極不穩定的微型公司。這代表第一，收入會減少；第二，有很高的可能性在 1 到 2 年後需要重新找工作。這對已有家庭、小孩的陳有恆及太太而言，是個挑戰。

即使陳有恆有心，院方也支持，但如果太太不同意，最後也可能破局。不過，張所長現在的確是沒辦法想到那邊去。畢竟，這是他第一次執行這類案子，沒此經驗。兵來將檔、水來土淹，是他現在的態度。

於是，台灣尖端研究院就將越志列為首選的合作對象，繼續進行後續的合約洽談。之後就像如梅所說，合約簽訂的過程很順利。挑戰，是從簽約後才開始。專案時程規劃 3 個月。

簽約後，越志也對張中興及陳有恆進行訪談。張中興談了許多內部行政流程，以及高層為何對此專案特別重視等內部議題。但對越志最有用的資訊，其實是談及陳有恆跟李靜安兩團隊的工程師背景，以及他們日常被賦予的工作內容。所有工程師真的就是研究型工程師，完全不需瞭解市場。

接下來陳有恆的訪談就顯得很重要了。如果連他也是這樣，接下來的工作就真的會像如梅所擔心的：是不可能的任務。

在一般性問題之後，如梅就直接切入她想瞭解關於「人」的問題。因為她認為這是關鍵中的關鍵。

「你們團隊中，工作 5 年左右的工程師，年薪大約多少？」

如梅問。

「表現比較好、非主管職的，大約有 120 萬。」

Q 聽到薪水後，心中按起計算機，想跟自己於老東家、越志時做個比較。但還沒算好，如梅緊接著就問：「將這樣的薪資水平，跟與你們類似的法人機構相比，是高是低？」

「我們是 P90。」這是人力資源界的用語，Q 聽得懂，意思是高過同產業 90% 的族群。以前在硬材跟人力資源部門的好姐妹不是混假的。

「算高。」如梅繼續問。「那跟在地台中地區的科技業相比呢？」

「沒有正式資料。但我跟幾個在地朋友私下聊，我們的薪資條件也算是很不錯。」

「嗯，那難怪同仁不想跟著出去創業……。」Q 邊記錄、心裡邊想著。

「陳博士，我知道張所長在拆分成立新公司之後是不可能會從這裡離職去當總經理的。你呢？」

「這個要看主管怎麼想。但老實說，我個人是很想藉由這一次的專案出去到這家新公司，至於扮演什麼角色，就讓上面來決定。」

「為什麼想創業？這在你們這樣的法人組織不常見耶！」如梅問。

「可能是想追求創業成功的成就感吧。其實，我以前曾經創業過。」陳有恆招牌的靦腆笑容又出來了。「更精確地說，我

以前曾創業失敗過一次，所以很珍惜這一次的創業機會。最重要的，是希望透過你們專家來提高我們成功的機率。之前創業的我，是摸著石頭過河。自以為擁有一項世界級的技術，產品推出市場一定是大家爭搶著要，畢竟世界上沒有人技術比我強。」

「那後來為什麼失敗」？

「資金就燒完啦！」陳有恆一邊吐舌頭，一邊說：「我當時想要將產品做到最好，完全忽視公司現金流。中間是有幾位好朋友提醒我可以一邊做、一邊跟潛在客戶瞭解需求，並根據市場的回饋做修正，但是我完全聽不進去。我們這種技術宅，你要我拿一個 50 分的產品去問一些朋友，那簡直會要了我的命！」

「我以前在半導體業的時候是負責製程技術的，在那樣的環境，技術厲害的人講話的確是比較大聲，也比較被大家崇拜！」Q 試著同理他的話。

「真的！」陳博士很高興有技術同好聽懂這意思。「我想那是技術人的傲慢。而也因為技術人員不懂得賣東西，不曉得何時要找錢、怎麼找錢，更沒有公司處於險境的敏感度。所以最後當員工薪水都發不出來的時候，才驚覺太晚了！當時我是留著眼淚向那 5 位同事說公司已經沒有錢，必須要解散了！」說到這裡，Q 眼淚都快要跟著流出來了。

陳有恆接著說：「我很深刻體會到，開一家公司，一定要懂得銷售、行銷才行。我自己分析，當初最大的問題，是根本沒有在產品推出前，先定義好客戶是誰、市場在哪裡！就一直埋頭於技術精進跟產品開發。事後回想，根本在做白工！」Q

立刻在心裡想到同學李俊凱的「先射箭，再畫靶」招式，這就是陳有恆欠缺的。

「我很高興我們有這樣建設性的對話。」如梅臉帶笑容：「老實講，我本來心裡在想張所長被賦予的目標，在你們這種研究型組織中是不容易達成的。但因為有你這位非典型的人士在，門檻降低了一些。」

陳博士：「希望藉由你們專業的幫助，讓這次的失敗率降到零。」

「哈哈，這是不正確的期待，很抱歉我這麼說。你們委託我們的是協助產生一份 BP，BP 有了，我們顧問團隊就離開了。但 BP 的產出跟公司的成立之間還有時間差，這中間會發生什麼事情都是無法預測的。」如梅還是本著良心，說出該說的話，即使會潑到對方冷水。

接著她繼續：「例如說，院方高層看了 BP 之後覺得新公司需要太多團隊的成員，會影響院內既有的工作推展；或是反過來，這家新公司的未來市場性太小，無法創造足夠的業績，後續還要靠研究院持續挹注大量資金，於是就不讓你們出去創業了。」

「希望不會這麼慘！」陳博士苦笑著說：「我前幾週跟我老婆說又有創業機會了，她並不贊成。如果院方也不支持，那這次創業就真的會胎死腹中了啊！」

「你老婆為什麼不支持？」相對於研究院，Q 比較好奇老婆那部分。畢竟，瑪莉也不支持他創業。

「她說我上一次創業失敗已經虧掉了500萬，親人借的200萬還在慢慢還款中，她希望我在這裡穩定工作就好，不要再想這些有的沒的事情了。而且，她現在正懷著我們的第二個小孩，接下來家裡需要用錢。」

「那如果院方支持你們出去創業，你怎麼辦？」Q追問。

「我後來跟老婆說，這次創業不是拿自己的錢，是我們研究院出錢。而且，因為專利發明人是我，院方還願意給我技術股。她聽完後，就說那這次要保證成功再出去創業，我答應她啦！」

「等等，」睿智的如梅發現有點不對。「創業這種事情哪有什麼保證的！而且，我怎麼覺得你跟太太只有講一半而已。你們新公司一開始的薪水跟現在相比應該會比較低吧？」

「呵呵，」陳博士抓了抓後腦杓的頭髮：「是啦，應該是這樣沒錯啦。我太太是國小老師，商場上的事情不是太懂啦。我也很難跟她解釋太多。反正，我已經跟我爸媽談過了，他們願意再支助我一筆。簡單說，我們小家庭的生活不會受影響就是了。」

「原來你太太也是國小老師。」Q心想：「以後咱們有得聊囉！」

如梅發現自己管到太平洋去了，連人家怎麼跟太太溝通也要管。於是拉回：「我是不敢保證你一定會成功啦，但我可以保證的是，會盡力協助，提供你們必要的管理工具，來增加成功的機率！」

「這就是我需要的。」陳博士堅定的眼神，看來真的是準備好要二次創業了。

‖ 第四回 ‖

價值主張

　　在幾位關鍵員工都訪談過後，隨即進行第一場「商業模式工作坊」。商業模式的概念，是越志在專案一開始就想要幫陳博士團隊建立的。首先，如梅先以一個市場上許多創業人士會使用的工具「商業模式九宮格」（Business Model Canvas），來說明商業模式：

Key Partners 核心夥伴	Key Activities 關鍵活動	Value Propositions 價值主張	Customer Relationship 客戶關係	Customer Segments 目標客群
誰是我們最核心的夥伴、供應商？ 為什麼是他們？ 我們與他們的合作是建立在什麼關係上？	需要什麼關鍵活動才能讓我們的事業順利發展？	客戶碰到了什麼問題？（客戶觀點） 我們有什麼產品／服務解決此問題？ 為何可以解決？ 帶給客戶的效益是什麼？	如何： 取得客戶？ 留住客戶？ 讓業務成長？	誰是我們最重要的客群？ 這些客戶群的樣貌（customer profile）為何？ 目標客戶的DMU（Decision Making Unit）有誰？
	Key Resources 關鍵資源		Channels 通路	
	我們需要什麼樣的關鍵資源才能讓事業順利發展？		客戶期待透過什麼管道獲取我們的產品／服務？	

Cost Structure 成本結構	Revenue Streams 營收模式
與我們商業模式相關最主要的固定成本、變動成本是什麼？	我們商業模式的營收來源有哪幾種模式？ 第一筆訂單、第一桶金會是哪一種模式？

「有沒有誰有看過，或使用過這張圖表的內容？」如梅問。

陳有恆舉手：「我！」也只有他一個人舉手。如梅於是將各個欄位跟所有人說明清楚後，看向陳有恆：「當初使用起來如何？有辦法清楚說明商業模式嗎？」

「老實說，我上一次創業時有申請政府補助，他們要我填我就填，根本就不知道自己在填什麼。」說完，陳有恆又將手放在後腦杓抓了抓頭髮。

「都是你們這些人亂填，」如梅帶著半責備、半開玩笑的口吻：「才讓我們這些擔任政府委員的顧問好像在看文言文！常常中間欄位的『價值主張』，跟最右邊的『目標客群』搭不起來，也跟底下的『營收模式』搭不上。」緊接著，「來，跟你們說明白話文的商業模式要怎麼說。」接著以動畫模式，打出另一張投影片。

在核心夥伴共同支持與努力下	我們以關鍵活動	我們公司的價值與定位	透過什麼行銷模式	以獲得目標客戶的青睞
	並運用關鍵資源		以及什麼業務管道	
管控成本、創造利潤，達成事業目標			創造營收、回饋股東，達到社會目的	

並從中間往右說明：「我們公司的價值與定位，透過什麼行銷模式，以及什麼業務管道，以獲得目標客戶的青睞。」接著，從最左邊往中間方向說明：「在核心夥伴共同支持與努力下，我們以關鍵活動，並運用關鍵資源，」之後講解左下角：「管控成本、創造利潤，達成事業目標。」

　　最後講解右下角，也是最後一格：「創造營收、回饋股東，達成社會目的。」最後，如梅補上一句：「以上，是我們越志對商業模式九宮格的全新詮釋。」

　　說完後，可以看到有些人還處於似懂非懂狀態。但 Q 注意到，陳有恆整個人好像被打通任督二脈般，豁然開朗。「這基本上就是一家公司的營運架構了！」陳有恆突然不自覺地冒出這句話。

　　「是的！」如梅回應。在團隊有了對商業模式的初步理解後，於「價值主張」之前，如梅想先破除技術宅一直以來的迷思，於是提出兩個實際案例。

　　A、B 兩人都在創業中。A，擁有世界級 IoT 技術，可應用於農業、半導體上。他創過業，並成功賣掉。B，曾經到中國找白牌 NB 供應商賣到其他國家；也曾經從美國梅西百貨批過季商品在大賣場的花車賣衣服。這兩個事業都失敗，但現在想進行第三次創業。請大家猜：「誰會創業成功？」

　　大家一致認為 A，結果是 B。為何？A 雖然擁有世界頂級技術，也曾創業成功，但本次遲遲無法找到「可獲利的商業模式」。B，完全沒有高深技術。但憑藉著創辦人先從美國低價大

賣場的採購中得知，更低價的廚具在美國是有市場的。再回頭到中國找尋工廠製作，在前兩次失敗後，這次就做起來了。公司 2 個人，營收達新台幣 5,000 萬以上。A、B 兩公司的實際案例，帶給大家不小的震撼。Q 從大家的表情觀察到，幾位成員有被衝擊到。「太好了，在工作坊前提出李俊凱的案例給如梅，效果有發揮到！」他心裡竊喜。

之後，帶著大家思考價值主張（Value Proposition）。如梅說：「價值主張是商業模式的重中之重，可以用這五句話的格式清楚表達出來。」

針對＿＿＿＿＿＿之客戶（目標客戶）
我們提供＿＿＿＿＿＿產品／服務（產品服務）
與＿＿＿＿＿＿不同的是（競爭者）
我們的產品／服務具備＿＿＿＿＿＿（獨特價值）
可讓客戶獲得＿＿＿＿＿＿的滿足（客戶效益）

這一段簡短描述，可以在只有 30 秒左右的時間內，充分表達出公司的價值。大家常講的「電梯簡報」，就可用價值主張表達。

陳博士團隊的技術，是從天然食用材料中，萃取出活性物質，並做成可用來殺菌的原料產品。這技術不只發表在全球頂級期刊，也申請了台灣跟美國專利。只是，還不確定可以用在什麼地方而已。

為了不要只有一種聲音，越志將不含陳博士的 12 位同仁分成 2 組進行腦力激盪。2 組分別對技術可能衍生商業發展的價值主張，發表各自看法：

第一組：
針對經常需要手部消毒的族群，
我們提供不傷手的消毒用品。
與市售的消毒液相比，
我們是無毒、無臭，
帶給客戶不傷身的效果。

第二組：
針對使用抗生素殺菌的水產養殖業者，
我們提供高功效的抗生素取代品。
與抗生素不同的是，
我們不會產生抗藥性，
可對社會環境做出重大貢獻。

　　很明顯地，這兩組對技術應用領域的看法完全不同。第一組覺得可以走手部消毒，而第二組認為可以走水產養殖殺菌這塊市場。第二組比較引起 Q 的注意。在他成長的宜蘭五結海濱鄉下，草蝦養殖是小時候印象中的地景。不知為何，後來都消失了。

如梅開始講評。

「第一組假設的市場是『手部消毒』市場，是所謂 C 端市場。所謂 C，是指『Consumer』，就是終端消費者。第一個，這個市場是否存在？我想這個沒問題，需要手部消毒的人不少。再來，需要『手部消毒』的族群，可否可以再細分？細分後的市場，有哪些符合我們產品定位，而成為有『剛性需求』的族群？」

「還有，因為『手部消毒』是個不小的市場，這代表很多業者也在這個市場中。這組提到我們的獨特價值是「無毒、無臭」，那其他同業呢？是否也有標榜「無毒、無臭」的業者已經存在？如果是，那我們推出市場有何差異化價值？以上種種，是這組後續需要再探討的。」

企管顧問在工作坊中的專業展現，講評是其中一個重點。如梅講評很快，Q 打字更快，全部記下來。大學時為了跟網友聊天，他可是苦練過打字的。

「再來，第二組提出的『水產養殖業者』是個很有意思的市場。代表這組在思考的是做 B2B 的生意。B 是『Business』，指公司，非終端消費者。這組整體價值主張的論述還算清晰，但有一點例外。就是第五點，客戶效益的描述。你們論述的目標客群是養殖業者，但提出對他們的效益卻是『對社會環境做出重大貢獻』。」

「大家想一下，養殖業者是否為非營利組織？不是吧？你們所描述的效益，比較像是非營利組織或政府所關心的。養

殖業者既然是營利組織，一定要讓他們有切身的價值利益，例如減少損失、增加換肉率這一類的直接效益，才可能讓他們掏錢。」

　　講評結束後，如梅繼續說：「綜合兩組的討論，可以發現大家對於所設定的市場普遍不熟悉。要建構完整的商業計劃書，一定要研究過市場。」

　　然後緊接著說：「我們接下來會教大家市場情報（Market Intelligence）的研究方式。之後，大家根據我們教的方式進一步探索市場的次級資料（Secondary data），並於下一次工作坊時我們再討論、調整。」

　　這個工作坊的最後，越志提供各種次級資料的蒐集方式，有些免費、有些收費。在免費選項中，有兩個是團隊覺得收穫最多的。

　　第一是 Google Alert（Google 快訊），大家都沒聽過，也沒使用過。Q 一邊切換螢幕到 Google，一邊跟大家說明：「這就像你請一位工讀生，隨時隨地幫你搜尋網路上特定關鍵字的概念。只是，這工讀生是免費的！」他很高興可以向大家展示說明。

　　「你們看喔，只要在 Google 搜尋列打上 Google Alert 就會出現『Google 快訊』，點進去後，就可以設定關鍵字。來，我們就來輸入『水、產、抗、生、素』這五個字。」輸入後現場立刻就「哇」的一聲！有新聞消息、科學人雜誌報導、經濟部國貿局的全球商機資訊等，就連碩博士論文也被搜尋出來。大

家好像看到另一個世界一樣。

　　緊接著 Q 展示另一個免費管道：「這叫『政府資料開放平台』，台灣在資料開放上做得很快。我前一陣子聽到一家做交通服務、團隊都是外國人的新創公司說，他們之所以排除新加坡、東京，最後選擇台北落腳的原因就是台灣政府 open data 做得最好。」

　　如梅觀察 Q 在向大家說明時，絲毫不畏懼。

　　「來，這次我們輸入設定的客戶『養、殖、場』。」投影幕出現些許資料。「大家想看哪一筆資料？」

　　陳博士瞄到立刻說：「漁業署那一份『輸歐盟漁產品養殖場登錄合格名單』！」

　　「好，沒問題！」Q 邊說邊點開檔案。大家立刻看到位於澎湖、屏東、嘉義、台南、雲林等地的養殖場名字及聯絡資訊。

　　「很好，這就是資料蒐集的力量。大家看這份名單，很可能就是未來我們的客戶。畢竟歐盟對環保、人類安全議題上的關注及要求是全世界最嚴格的。」如梅說：「接下來，大家就努力找市場情報資料吧！」

‖ 第五回 ‖
市場規模與目標選擇

　　一週後，越志針對上週討論的價值主張，進一步跟陳博士團隊探討「市場機會」。這週以來，越志針對上週兩組產出進行多次內部討論，主要是如梅跟 Q 彼此腦力激盪兩組思考的個別市場機會與挑戰。

　　他們有了一個新公司產品應用的初步建議，但不打算一開始就說出來。畢竟越志在本案的角色，是讓大家學習新事業商業模式的建構，不是要給答案的。同時也要試圖挑戰大家，並引導團隊可以思考地更完整。

　　而陳博士的團隊也沒有閒著，大家根據越志給的作業，蒐集必要的次級資料帶到今天的工作坊來。張中興所長聽陳博士說上週大家被醍醐灌頂後，今天特別排開其他會議來參加。但跟陳博士一樣，坐在觀察席，不參與討論。

　　「今天重點在『TAM/SAM/SOM』及『費米推論』這兩種管理工具。這兩件事情搞定了，今天就下課！」如梅說明今日

工作坊的目的。

「所謂 TAM/SAM/SOM，分別是指 Total Available Market/ Service Available Market/Service Obtainable Market。TAM 為「總體潛在市場」，SAM 為「可觸及市場」，而 SOM 代表「可獲得的市場」。是一種總體市場跟目標市場的表達方式，也是一種從市場區隔中，定義出目標市場的方法。」

「其中 SAM 代表的是在 TAM 裡面與自己所處產業最直接相關的市場規模。SAM 的數字，也代表著若一家公司 100% 拿下該市場，就是它 1 年的營業額。但 100% 市佔率這件事情基本上不會發生。因此，會以 SOM 來表達預估或實際發生的營收。將 SOM 除以 SAM，就可以表達出市場佔有率。」

「而費米推論，是運用手邊既有但不完整的資訊，以合理化推論的方式，找出最佳解的方法。」

如梅請 Q 舉一個案例引導大家思考市場規模的估算。

「有一家位於八里的汽車輪圈修復公司，老闆在開業半年後發現生意不好，懷疑是不是沒有這個市場。有天來找我們諮詢，對談中，瞭解到老闆鎖定的是住在桃園、雙北、基隆及宜蘭的改裝車主。」接著問：「有人在玩車嗎？」

沒有人舉手。接著 Q 繼續說：「不意外，這本來就是小眾市場。接下來給各位幾項資訊。討論中，老闆說輪圈修復全台灣最大的一家店在台中跟高雄有 4 間連鎖店，每一家店的營業額約 1,000 萬。這家公司的市場佔有率估計有 20%，第二大的公司有 3 家連鎖店，佔全台灣約 10%。」Q 問大家：「台灣的

TAM，也就是總體潛在市場規模有多大？」

有人說：「4 家店乘以 1,000 萬再除以 20%，2 億。」

「沒錯。」Q 說：「那 SAM，也就是可觸及市場呢？」

「不知道，沒有足夠資訊。」這群博士裡有幾位搖頭說著。

「很好，我們的確不知道『標準答案』。但，這就是使用費米推論的時機。客戶是改裝車主，我們假設台灣人不管住哪裡，在改裝車子方面的喜好度都一樣。也假設，人口數跟車子數是成正比關係。桃園、雙北、基隆及宜蘭的人口數大約佔了台灣 40%。因此可以推估 SAM 是 2 億乘以 40%，等於 8,000 萬新台幣。」

「那 SOM 呢？」陳有恆問。

「老闆在知道 SAM 有 8,000 萬，也知道最大的一家競爭者在中南部後，就開懷大笑說這生意還可以繼續做。因為第二大競爭者雖開在新北市，但也才佔 10%，也就是 2,000 萬。他有信心在未來 3 年拿下 SAM 的 20%，也就是他設定 SOM 是 1,600 萬新台幣。」Q 分別將這幾個數字畫在白板上。

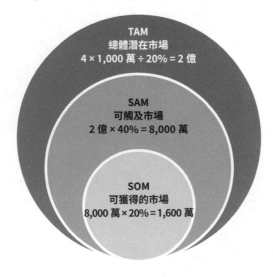

在一旁觀察到大家都懂了後，如梅上場。「來，我們跟上週一樣請兩組根據找到的資訊，以及這兩種管理工具的精神，分別討論。」

2 小時後，第一組找出「人體消毒與殺菌」的全球市場規模 TAM 相當大，這裡面包含洗臉的抗痘洗面乳、手術專用淨手、居家護理等不同市場，團隊以居家護理為 SAM，並設定亞洲為目標市場。在這細菌病毒無所不在的世界中，亞洲居家護理的市場規模 1 年達新台幣 100 億以上。

雖然市場規模大，但團隊設定的營收 SOM，卻沒有足夠的利基點去突破既有的競爭對手。原本價值主張提到的「無毒、無臭」，既有業者已有不少是已經存在於這市場的了，團隊也提不出更有利的差異性價值。

反觀第二組團隊。找到關於禽、畜及水產這三類動物的抗生素 1 年全球市場量 TAM，並進一步區隔出亞洲區水產抗生素的 SAM 為新台幣 25 億。

如梅：「未來新公司，資源有限。我們若只能挑一個市場做，你們認為應該優先考慮哪一個？我們今天需要先有一個初步決定。」

第一組有人首先舉手：「當然是手部消毒這一塊，因為可觸及市場 SAM 達到新台幣 100 億以上。」

第二組也有人不甘示弱：「手部消毒那塊市場可能是看得到、吃不到啦。加上競爭者那麼多。我們做，只是 me too。」

第一組馬上接話：「難道要以比較小的水產養殖為市場？

它規模只是手部消毒的四分之一耶！」

雙方一陣你來我往，沒有交集。如梅看向坐在觀察席的張中興：「所長，**一個是市場規模比較大，但競爭者眾；一個是市場規模小很多，但競爭者少。你會選擇哪一個市場？**」

「呵呵，我不瞭解啦，陳博怎麼看？」

「手部消毒這塊市場是比較大，但沒什麼挑戰，好像大家都做得出來。」陳有恆說：「但水產養殖這市場又比較小。好難取捨。」

思考幾秒後，他繼續說：「我可以分享一個資訊，就是跟我們產學合作 3 年的海洋大學水產養殖系林堂檢教授一直要我幫他們。他說，他想振興台灣草蝦王國的美譽。而且，水產抗生素使用導致全球抗藥性的問題越來越大了！如果做這題目，」Q 觀察到陳博士眼睛炯炯有神，「我會比較興奮！」

聽到這裡，Q 全身起了雞皮疙瘩。老家在民國 70 年代周遭許多同學家裡養蝦致富，Q 第一次玩瑪莉兄弟，就是去養蝦戶同學家玩的。長大後，聽長輩說是草蝦得了一種病，產業就蕭條了。在那之後，濱海公路原本沿途可看到不停運轉的水車，從此停止。

「SAM 的確很重要，」如梅開始要灌輸另一個重要觀念：「而可以獲得多少 SOM，則是跟你們與競爭者相比的核心能力有直接關係。有些新創公司選擇的賽道，市場非常大。但因為缺乏獨特且有差異化的價值，最後也沒創造出任何營收。反觀有些公司，選擇的是一塊利基型市場，也許沒有特別大，但因

為可以做到別人無法取代的價值，後來還成為隱形冠軍。」說到這裡，大家好像有些懂了。

「上週以來，」如梅繼續。「我們越志內部也在研究這兩塊市場。我們發現，各國政府的立法方向是，要逐步禁止抗生素的使用。亞洲地區如日本、越南，都已經著手研議了。因此，趨勢面而言，抗生素取代品的市場規模可能會再明顯成長。另一個角度，是你們有機會發展出一個全世界獨一無二，且對未來養殖業者有剛性需求的市場機會。」

聽完這段分析，陳博士說：「既然如此，我們就以這個水產養殖市場進行概念性驗證吧！我這次不想再研發到 100 分再去推市場。請兩位直接帶我們到市場上探索機會。」

於是，在越志帶領下，陳博士團隊初步就以水產養殖業者為目標客戶，進行所謂的概念性驗證（POC，Proof of Concept），並以直接走向潛在客戶的方式進行初級資料（Primary data）蒐集。希望藉由瞭解客戶未被滿足的需求，來驗證此商業模式。

第六回

商業模式驗證：客戶說了算

　　透過海洋大學林堂檢教授介紹，越志跟陳博士團隊來到嘉義的養殖場。雙方在養殖場旁鐵皮所搭建的「漁寮」開會。這地方不好到達，他們從高鐵嘉義站，還需開車 40 分鐘，走無法會車的單線田埂道路才到達。對 Q 而言很熟悉，但可苦了陳如梅。今天的她，還是如要去信義區開會一樣，穿著高跟鞋。田埂泥土難走以外，鐵皮屋內也是凹凸不平的水泥。

　　養殖場老闆是年輕二代，大約 35 歲，皮膚黝黑，戴著一頂側邊捲起的牛仔帽，與一副無框眼鏡，與 Q 小時候在宜蘭印象中的養殖戶的打扮很不一樣。如梅透過跟 Q 的討論清楚知道，傳統養殖業者肯定不容易改變，要從抗生素改成使用非抗生素，青農才有機會。

　　進到 5 坪大的室內，彼此交換名片後，林教授先開場：「承漢是我研究生，是一位『很不聽話』的年輕人。」說到此，大家有點愣住。「他以前常跟我說一些更有效率的養殖方法，但

他老爸聽不進去。現在他爸年紀大了，他就可以決定要怎麼養這些水產。我想，這麼不聽話的學生，應該是你們好的目標客群。」林教授這個開場立刻讓大家在歡笑中融合在一起。

「老師，各位貴賓，歡迎在這樣的熱天來到寒舍。」承漢帶著自信笑容：「我聽林老師說你們有可以取代抗生素的產品，就非常興奮。我以前就常跟我爸說，我們的蝦子在上市前 2 週就不要再使用抗生素了。但他們老人家就是聽不進去，總是說：『囡仔人有耳無喙！』現在，我說了算。」

「謝謝你。」如梅接著說：「我們正在協助陳博士殺菌產品建立商業模式。初步規劃，是想用在水產養殖中來取代抗生素。但我們是門外漢，也不知道可不可行，因此今天來是想請教你們實務上若蝦子生病了會怎麼處理？有沒有碰到什麼困難是陳博士團隊技術可以解決的。」

「我直接跟你們說實際情況。」好像打中承漢的痛點了，他有點激動：「我們南部這邊老一輩的養殖方法，是生病時投藥；沒生病時，也會混在飼料裡面給魚蝦吃。他們的概念是：有病治病，沒病強身。」

看承漢這麼直接，Q 也就直接接著問：「我們的理解是，魚蝦上市不得檢出抗生素。一般就是收穫前 1 到 2 週左右就不可投藥，否則收成後會殘留在魚蝦體內，就會被檢出。如果這 2 週生病了，實際上作法為何？」

「你問到重點了。當養了 4 個月的蝦子準備收穫，卻生病了，你叫養殖戶怎麼辦？說真的，還是只能投藥。否則，整池

蝦子最後可能都會死亡。這是這產業長久未解的問題，我也一直在苦思這問題，結果林教授就跟我說有你們這技術，我超興奮。」承漢指著陳有恆：「誇張一點說，你們也許是水產養殖產業的救世主！」看得出來，陳有恆很開心。

「那承漢你何時想要試用救世主的產品？」Q 兩眼睜大，很認真地問。

「昨天！」大家先是愣住了，意會過來後都笑了出來。看來他真的迫不及待想改變。

「好，」陳有恆說：「我明天回去就準備你需要的產品做田野測試。」

承漢對新產品的開放心胸讓越志及陳有恆都雀躍不已，如梅跟 Q 也對自己「找青農」的判斷更加有信心。在一陣熱烈討論後，承漢帶著大家看養殖場，也一邊說明各池子分段養殖的目的及方法。讓大家對於蝦子養殖有更全面的瞭解。

市場敏感度高的如梅提出另一個問題：「請問你們飼料、養殖工具都是跟誰買的？」

「市區一家水產資材行。」

「方便介紹我們過去跟他聊聊嗎？想請教他一些市場問題。」

「當然沒問題，我常跟他進貨，很熟的。」承漢立刻拿起手機打給老闆說有教授想要請教他一些問題。如梅想瞭解的，是通路及未來競爭者。

在越志、陳博士團隊上車前，承漢說：「我晚餐有訂了一

家餐廳，稍後將地址傳給林老師。大家一起來喔！」

　　20分鐘後，一行人於是來到這家水產資材行。原本一開始老闆還有點防備，但一介紹到林教授，老闆就面露微笑：「教授好！」教授這頭銜真是好用，尤其是在鄉下地方。老闆一招呼大家坐下後，立刻有一位戴著安全帽的阿伯走進來，於是他就過去先招呼客人。

　　大家不是聽得很清楚他在講什麼，但隱約聽到他說池子水質出了點狀況。老闆隨即拿出一包石灰給他，也教他使用時機。緊接著，另一個婦人走進來似乎也碰上養殖狀況，老闆這次則是拿出一桶不知道是什麼東西給她，看來也是高興地離開。

　　坐下來後直說抱歉，客人一直來，怠慢了大家。彼此交換名片後，如梅就單刀直入了。「請問老闆，我們這一帶的養殖戶，通常會有什麼養殖上的問題？」

　　「比較棘手的問題就是生病啦，跟我們人一樣，生病就比較難處理。人會說話，可是魚跟蝦子生病不會跟你講哪裡痛啊。所以有時候他們就會跟我說碰到什麼狀況，我就要扮演水產養殖醫生，給他們建議。」

　　老闆很開放，後來也進一步分享養殖戶使用各種抗生素的優缺點。如梅也詢問陳有恆的產品一旦上市，他是否有意願上架來賣。老闆表示：「會，不過一開始推會比較難。因為這邊都是老人家，他們觀念不容易改。但最近有一些青農回鄉，他們有機會試試看，就像承漢一樣。」太好了，「青農」，英雄所見略同。

「不過，我有一個條件。」老闆說。

如梅：「請說。」

「如果承漢那邊試用順利，我要嘉義、台南這兩地區獨賣。」

如梅招牌笑容出現了：「等陳博士團隊量產後，這條件雙方可以來談。」

離開資材行在前往餐廳的路上，陳有恆在車上跟如梅說：「謝謝剛剛最後一個問題你幫我回答。關於通路、市場這一類的事情，我完全不知道該怎麼談。」

「不客氣。根據剛剛老闆想要獨賣這產品的態度，加上承漢急著想要試。我判斷，應該真的有解決市場上的痛點。這個商業模式有機會。」

最後，所有人來到承漢事先訂好、位於東石鄉海邊，同時也是在一大片養殖場旁邊的一家海產店吃晚餐。席間有一道「蚵仔麵線」，與 Q 以前吃過的完全不一樣。麵線是長麵線，更誇張的是，蚵仔比麵線還多。Q 心想：「這應該叫做『麵線蚵仔』吧！麵線根本是來點綴蚵仔的啊！」

因為吃太飽了，Q 走到餐廳旁的堤防上看夕陽，今天夕陽很美。清澈天空，一路從頭頂延伸到即將落入海中、並可直視的紅色大太陽。他回頭，看到水平光線將自己的影子斜跨到好幾個養殖場。

看著這景色，他心裡想著：「陳有恆的產品一旦上市，宜蘭濱海地區的養殖場是否可以恢復往日榮景，那些不再轉動的水車，也會再重新轉動呢？」

Q 當天回到中和南勢角住處已經超過晚上 11 點了。雖然很累，但這個專案最近實在有太多學習了。洗完澡後，坐在書桌前，他再度呈現沉思者雕像狀。10 分鐘後，拿出筆記本寫下至今最關鍵的學習與反思要點：

1. 商業計劃書對創業家很重要。除了投資者，是否還有跟創業家有關的其他利害關係人也需要看？

2. 如梅說，台灣尖端研究院這類型的法人機構要成立一家營運上軌道的商業公司是不可能的任務，主因是不具有商業公司的心態。要怎麼做才能提高這種組織的成功機會？

3. 如梅提到：為了避免最後產出垃圾，有時候會需要多一些顧問工作，但卻要我們自己吸收。未來有什麼方式讓越志多做的工作也可以收到合理的報酬？

4. 雖然陳有恆最終選擇進入「水產抗生素」的市場。如果是我來選擇，並進入「手部消毒」這塊 SAM 比較大的市場，需要做什麼事以提高成功機會？

5. 除了如梅的方法，有無其他方法驗證陳有恆團隊的商業模式？

第三章 商業計劃書

陳如梅：

「商業計劃書就如一份商業體檢報告。哪裡有紅字，也知道哪裡需要補強了。」

| 第一回 |

蛤，蒸便當？

嘉義回來後，Q 回想這幾週從第一次見到張中興團隊，如梅說是不可能的任務，到雙方假設出水產抗生素取代品，並進一步前往潛在客戶及通路求證商業模式。這一路，感受到「管理」，其實還蠻科學的。

雙方團隊都清楚，如果這市場不可行，就會換「手部消毒」這市場重新走一遍「假設－求證」的過程。Q 是左腦思考的人，喜歡這種理性的邏輯。在政大 MBA 讀書時，教授說「管理是科學」，因為是有方法跟步驟的。進越志後，老闆黃豔文曾說「管理是藝術」，因為不同的組織、人，需要有因地制宜、因人而異的管理方式。目前的 Q 相信、也比較喜歡 MBA 教授的說法，直到發生了這件事情。

之前跟陳有恆團隊聯繫工作坊事宜幾次，都是透過張中興秘書于小姐。因為從嘉義回來後有新公司定位、通路地圖等重要管理議題要討論，這次工作坊是安排一整天，而不是前幾次

的半天。

「明天一樣是工作坊，不是課程。」Q 撥了電話再次向于小姐確認細節。「為了讓大家可以有更靈活的討論，桌椅一樣就按照上次排列方式。但這一次請你準備一些小點心、糖果放在各桌，希望大家可以在討論的過程中隨時取用。醒腦用的。」

「沒問題。」于小姐身高 155 公分，留著過肩長髮，擁有一雙大大的雙眼。每次看到她臉頰都很紅潤，應該是有刷微醺腮紅。長相可愛，加上幾次跟她溝通都很順利，Q 對于小姐越來越有好感，認為她是一位很稱職的聯絡窗口。

「最後一件事情，就是之前都是用你們的電腦，但明天會使用我們自己的筆電。請問要怎麼帶進去？」

「之前我問你筆電的型號，就是為了幫你們申請可以帶進來。你們明天到了警衛室，他們會請你們將筆電電源打開，以確認是一般商業用途的筆電。比對型號完成後，就可以帶進來了。」于小姐在台灣尖端研究院已經 5 年，對於流程很熟悉。

「OK，除了這幾件比較關鍵的事情，不知道妳還有沒有什麼其他的問題？」交代了重要事項後，Q 總算有機會喝一口身邊的熱拿鐵。

「對了顧問，」于小姐突然想到：「明天因為是一整天的工作坊，中餐部分，你們會自己帶便當來蒸嗎？」

Q 噴出了口中的咖啡，以為他聽錯了。邊擦桌子邊問：「對不起，我剛剛沒聽清楚，可以請妳再說一遍嗎？」

「就是明天的中餐啊，」她很認真地再說一次：「我們這

附近外面的餐廳很少，你們要出去用餐比較不方便，請問你們是否會帶便當來蒸？我們有蒸便當的設備喔！」

這回聽清楚了。

沒聽錯，她真的是問蒸便當，還很高興地分享蒸便當的設備。現在是國小上課嗎？帶便當去你們那邊蒸？在他眼中可愛的于小姐，這下子更加可愛了。

Q這麼驚訝是有原因的。他從進來公司到現在，常聽在外執行專案的顧問聊到，客戶在中午常會準備道地便當，總經理會一起陪同用餐，大家一邊用餐、一邊討論專案。有時候，會邀請顧問晚上到當地有名的餐廳用餐，著名台菜館、日本和牛店等都是Q聽過的用餐地點。

客戶喜歡利用用餐時間，再多向顧問請教管理議題，不論是否為專案範疇內的議題。聽說有一次利用午餐時間，解決了總經理在深圳分公司由一位財務經理扮演起地下總經理而導致主管們長期不滿的問題。因此，這也是客戶免費使用顧問諮詢服務的一種模式。顧問們也不以為意，既然人都來了，能幫客戶解決一件事情，是一件事情。

這下好了，于小姐不是來問要吃哪一家名餐廳的便當，而是來問是否帶便當來蒸！Q一時之間，不知道該怎麼接話。

停頓了大約5秒鐘，他才慢慢擠出了2個字：「所以……，」他不想主動將其他公司會準備便當一事讓于小姐知道，免得對方在中餐這件小事上對越志有「理當如此」的不好觀感。因此以詢問的方式向對方先瞭解。「以前外部顧問或講師來到貴單

位，都是自己準備便當來蒸？」

于小姐快速且直率地回答：「我們過往從來沒有跟顧問或講師合作過啊！」

「那你們自己的中餐都怎麼解決的啊？」

「就是蒸便當啊！」

「原來如此！」

但他實在很難想像自己要向正在水深火熱地準備著隔天專案的如梅說「妳要自己帶一顆便當去蒸」。何況，自己也沒有不鏽鋼便當盒。上次蒸便當應該是高中時候了吧！此時的 Q 真是覺得又扯、又好笑。

家裡沒飯菜、也缺便當盒，更不可能幫如梅準備一顆便當。她那麼像貴婦，要她吃蒸過的便當，應該會要了她的命。他這時在想的是替代方案：是一早就去便利商店買御飯團、香蕉，還是帶泡麵過去？應該有提供熱水吧？可是如梅呢？她要吃什麼？

這位天真無邪又可愛的于小姐可能察覺到 Q 有點傻住了，於是問：「那我問你喔，你們一般去其他公司執行專案，中餐都怎麼辦啊？」

苦惱中的 Q 趕緊回答：「客戶會幫我們準備簡單餐點。」實在很感謝于小姐主動問起，他還刻意輕聲說是「簡單餐點」。

于小姐：「是這樣啊，那我可以來問問我們主管啊，也許我們也可以幫你們爭取預算，準備便當喔！」

這件事情，隨著于小姐爭取到便當預算就解決了。但 Q 從

這件事情上也深刻感受到：「原來，管理也很藝術！」豔文的確也沒錯。

　　準備顧問的餐點雖非必要，但在客戶端執行整天的工作坊，有時候中午休息時還會根據早上的討論增修下午的教材。除了麻煩客戶，顧問們實在也沒更好的辦法。

　　這件事情在越志內部，後來就戲稱為「蒸便當事件」。之後接到跟政府、法人有關的專案，同事們都會開玩笑地提醒執行顧問：「要記得準備一個便當去蒸喔！」

| 第二回 |

新公司的定位

　　「走向客戶之旅」，是應陳有恆要求的。雖然他曾經創業過，但還是不知道如何跟潛在客戶進行商業對話。養殖場親訪一趟下來，他學到很多，Q也是。今天的工作坊距離嘉義行已經隔了3週。

　　越志在這3週請陳有恆團隊大量蒐集外部資料，包含客戶、競爭者、PEST（政策、經濟、社會及科技面向的趨勢）、五力分析（探討供應端、客戶端、競爭者、潛在新進入者、可能替代者等角度的強弱勢分析）、產業價值鏈、SWOT分析等等。有了這些的討論與產出，就可以進行今天的「價值曲線定位法」，為新公司進行定位。

　　早上的時間，針對客戶未被滿足的需求（unmet needs）及競爭者進行更深度的探討。

　　「產品，是由客戶來定義的！」如梅開宗明義點醒這群技術咖。「再怎麼好的技術，客戶只要說『這不是我要的』，你

也只能孤芳自賞！」陳有恆點頭特別大力，好像是在說：「我不能夠再同意妳更多了！」

「那什麼叫競爭者？有誰可以回答？」

「做相同產品的」、「技術一樣的公司」分別有人舉手回答。

「做相同產品的，可能不是競爭者；做不同產品的，可能是競爭者。」如梅在投影片上打出這兩句繞口的文字。「有誰可以解釋這是什麼意思？」

大家思考半天擠不出一個字。

「大家有開車吧？10 年前的 GPS 導航系統清一色是硬體產品，現在大家開車都使用 Google Map 導航。一個是硬體，一個是軟體，但卻是競爭者。同樣的，以前從高雄到台北會搭飛機的商務人士，都改搭高鐵，飛機被高鐵取代了。」

有位穿著格子襯衫、牛仔褲的老兄舉手：「這樣說明瞭解。但做相同產品的，怎麼可能不是競爭者？」

「好問題。你有去過全聯嗎？」如梅問。

「當然。物美價廉，一定要去的啊！他們的衛生紙、餅乾這些民生消費用品都很便宜。」

「那你會去 101 大樓的超市買衛生紙跟餅乾嗎？」

「那個貴森森，買了會被我老婆打死！」大家笑了出來。

「那你們認為誰會去？」如梅追問。

「貴婦！」、「郭老闆的老婆！」、「外國人！」，大家分別提出看法。

「那就對了。全聯跟 101 大樓的超市，都是有賣衛生紙跟餅乾的超市，你卻只會去全聯。同樣是超市，卻有不同的客群，這也是行銷上在談的市場區隔（Segmentation）。」因此，如梅下了一個結論：「競爭者，是從客戶角度來看，而不是從供應商自己的角度來看。」如梅在此停頓。喝口水，也讓大家消化這個從沒思考過的觀點。

　　「只要是客戶選購產品時，在考慮我們的同時，也有考慮其他可以滿足其需求者，就是我們的潛在競爭者。而有些競爭者，是市場的後進者，因此既有業者不會知道。對於既有提供水產抗生素的公司而言，你們就是他們所不知道的新進入者，也是他們的競爭者。」

　　理解了競爭者是要從客戶角度思考後，越志帶著團隊花了 2 小時產出了這張「價值曲線定位圖」。競爭者 A、B 代表目前

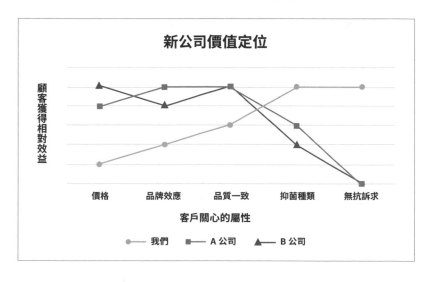

水產養殖戶常使用的兩大抗生素品牌，「我們」代表陳有恆團隊。橫軸代表客戶在選購一項商品時，會考量的屬性。包含「價格」、「品牌效應」、「品質一致」、「抑菌種類」及「無抗訴求」。縱軸代表顧客獲得的相對效益，對客戶越有利，分數越高，並以 0 到 5 分進行評比。

看到這張圖，坐在觀察席的陳有恆似乎被電到般：「這不就是《藍海策略》那本書裡面所使用的工具？我怎麼沒有想過可以這樣使用！」看來，他真的是很積極地從上次創業失敗中在學習商業管理。

一旁的 Q：「這就是為什麼我們說企管顧問就像企業醫生。一般人其實也懂得一些藥品的功效跟使用方式，但醫生總是可以系統性瞭解後，再對症下藥。要討論定位有幾種不同的工具，我跟陳顧問討論過後，判斷這工具最能萃取出你們的價值！」

從這張定位圖，可看出以下幾件事情：

1. 「我們」因為還在研發、實驗室少量生產階段，成本比已上市多年的 A 跟 B 產品都高出不少，因此「價格」高。加上一開始沒「品牌」知名度，「品質」也不穩定。這 3 項屬性對客戶都較為不利，因此「我們」相較於競爭者的得分低。

2. 但在「抑菌種類」上，我們都比 A、B 多出 2 到 3 種殺菌種類，所以我們得分最高。競爭者的表現中等。

3. 最後一項「無抗訴求」，A 跟 B 得分都是 0 分，因為他們都是抗生素。而「我們」是非抗生素產品，得到滿分

的 5 分。

如梅面帶笑容：「從這張定位圖，要恭喜各位了。你們很可能要改變台灣，甚至改變全世界的水產養殖世界了！因為，你們即將創造出一個沒有競爭者的藍海市場了！」

建構願景與使命

　　經過價值曲線定位法萃取出獨特價值後，團隊都感到無比興奮，認為自己跟競爭者相比，是一家有獨特價值、有前景的公司。其中最興奮的是陳有恆。

　　由於他的心已經全部都放在這家未來新公司上，而他最擔心的，是沒有同事要跟他一起出去創業，他一個人肯定是做不起來的。這次的產出，除了幫他釐清了新公司的定位以外，對於那些原本還在觀望、不願出去到新公司的同事而言，他們的正面反應也讓他的疑慮消除一大半。

　　他一樣將結果向張中興報告。私底下問，應該有 3 到 4 位同事有考慮到新公司闖闖看。張所長聽到後精神為之一振，並表示沒有在現場見證實在太可惜了。越志打鐵趁熱，接下來要帶著團隊擘劃出新公司的願景與使命。張中興表示，這次一定要到現場來參與。

　　有些公司的願景是老闆拍腦袋就出來了，但面對這一群理

性的員工，越志在思考的是要以方法、並有邏輯地共同產出激勵人心的願景。理性的人，就要說之以理。

願景不是口號，願景的產生是有邏輯的。開始討論前，「大家有沒想過，新公司要取什麼名字？」為了讓大家對於創立公司更有感覺，如梅問了這問題。

為了提醒團隊公司取名要注意，如梅舉兩個例子給大家參考。

「一家在網路上賣生活用品的公司，創辦人取名『網生股份有限公司』；另一家創辦人自認為個人能力超級強，希望可以凸顯這點，於是取名『能力有限公司』。」

這，當然是笑話，大家都笑到不行，張中興也笑得很大聲。但 Q 最誇張，整個人笑到往後仰，直接摔倒。大家趕緊過來攙扶他起來，原來是往後的力量讓椅子右後腳斷了。還好，他沒事，大家也陸續回到原本座位上。

越志帶領大家探討願景的方式，是設計「鑑往知來工作坊」。這是 2 天工作坊，分別由「成功方程式」、「願景與使命」兩個工作坊組成。顧名思義，就是藉由探討團隊的過去，以建構未來。

「成功方程式工作坊」，是藉由探討過去不同時間的策略、研發、銷售等議題，瞭解過往曾經失敗的原因，並找出團隊的核心能力。該團隊的核心能力就在該抗生素取代品的製程技術，該製程技術以營業秘密進行保護，不申請專利；其餘部分，則有申請專利。

這個工作坊，最難的是帶大家討論出過往失敗的事件及策略。畢竟，許多人認為這是丟臉的事，也可能會有人擔心大家「對人不對事」。但如梅是一位有經驗的顧問，她知道如何營造出一個放心討論的氛圍。「以前種種譬如昨日死，以後種種譬如今日生。」在她的引導下，充分展現。

　　過程中討論最深入的，就是曾經有個一百萬的案子，客戶已經「口頭」說要下單了，因此團隊就開始付費請委外單位生產製造。等製造完成一半的量了，客戶居然又說不要了。團隊因此一毛錢都沒收到，反而付出成本給外包商。這個在一般商場上不會發生的事，在這單位居然發生了！

　　「不可思議！」Q一聽到這事件，心裡直呼：「怎麼會有這麼天才的事情發生！沒有簽訂任何文件就花錢委外製造？這單位真是瘋了！」

　　但也因為這跤跌得很深，大家在這工作坊願意敞開心胸，充分討論出未來業務流程該怎麼走，所有人都很有收穫。

　　3天後，緊接著進行「願景與使命工作坊」。

　　「願景，是指公司想要成為的樣子；使命，則是要成為願景中的公司，需要做什麼。」如梅用非常白話的文字定義了今日主軸內容。「今天，我們將使用7個管理工具來帶領大家產出願景與使命。」

　　聽到7個工具，大家一陣哀嚎。「但恭喜各位，第一個工具，就是成功方程式，而這內容上次大家已經產生了。這次我們只是借來使用而已！」大家一陣歡呼。

Q 觀察到如梅女神非常會掌握大家的情緒。心中暗忖：「要學起來！」

密集討論之下，如梅還在過程中以《飛越奇蹟》這部真實故事改編的電影為案例。是一位從小運動細胞極差的主角，後來卻跌破眾人眼鏡成為英國冬奧運動員的勵志故事。

她也分享微軟創辦人比爾蓋茲的一段話：「我們總是高估未來 2 年會發生的改變，卻低估了未來 10 年將發生的改變。」（We always overestimate the change that will occur in the next two years and underestimate the change that will occur in the next ten.）鼓勵大家在思考新公司未來樣貌時，可以勇敢一點、瘋狂一點。

在具邏輯性的工具討論下，大家充分討論出產業的未來趨勢，加上張所長說明了對未來新公司的期待，陳有恆也說明自己對新公司的擘劃後，產出的願景、使命為：

願景：為人類創造更健康的生活。
使命：為大多數人提供更健康的食物及更美好的生活環境。透過無毒、健康的殺菌過程，為人、食物、寵物、農林建構永續發展的環境。

願景的部分，大家討論最久的是要不要加上「餐飲」兩字，也就是「為人類創造更健康的餐飲生活」。最後如梅建議不要。理由是在這段時間討論下來，公司在「身體＆手部殺菌」、「農

業殺菌」、「寵物健康」都可能有機會，只是現階段鎖定在水產殺菌。不放「餐飲」，讓我們未來事業的發展有更寬廣的可能性。畢竟，這家新創公司還在探索市場階段，不需要將自己給侷限住。

如梅特別提醒大家不要誤會了，這不代表公司什麼都做，只是先聚焦在水產抗生素取代品上。畢竟新公司的資源是有限的。

由於這願景／使命是大家集思廣益共同討論出來的，過程中就像是每個人都參與打造這家新公司一樣。「自己生的小孩，你會不想呵護他長大嗎？」這是如梅當初在設計工作坊時，向 Q 說明達成專案目的的方式。看到這激勵人心的願景／使命，Q 有預感將會有更多人願意到新公司任職。因為連他都想去了！

最後，坐在觀察席的 Q 再問了一次陳博士：「公司名字取好了嗎？」

第四回

通路地圖

　　有了「價值主張」、「市場規模」、「願景」、「定位」，再加上「商業模式」初步驗證是可行的之後，接下來在 BP 中需要說明的是：如何賺進第一桶金？

　　在商業計劃書中，這一段屬於「行銷及業務規劃」，是將前面所有的探討化為實際行動，並產生營收的重要規劃。許多有經驗的顧問或投資者看完願景、定位、商業模式後，就會從這一塊檢視商業計劃書的可行性。沒有親自走向市場與客戶、通路對話，這部分的內容就會顯得單薄，整份 BP 也會讓人覺得只是夢想，難以實踐。

　　上次嘉義行，證明了水產養殖戶是潛在客戶群。但要一家一家去開發？並不可行。原因是，水產養殖戶購買金額不大、也是個分眾市場，況且陳有恆的團隊看來對這市場不具備廣大人脈，新公司也沒知名度。因此，比較合理的市場開拓模式是透過「通路夥伴」。在嘉義所拜訪那家水產資材行，就是其中

一類的通路夥伴。有沒有其他類？越志請團隊的大家分頭進行市場情報蒐集，3 週後進行通路地圖（Channel Map）的討論。

這日工作坊開始時，陳有恆先跟越志要了 10 分鐘。越志的工作坊，議程時間都規劃得很緊湊，這部分陳有恆之前沒先講。但還好，10 分鐘還不至於會影響今天的整體議程。

「大家早安。很謝謝這段時間以來陳顧問跟游顧問密集地協助我們，讓我對新公司的輪廓越來越清楚，也對未來非常有信心。」以為陳博士要開始官話連篇了，想不到話鋒一轉，轉頭在白板上寫下「武抗」兩字。

「陳博你想幹嘛？武力抗爭，要造反？」Q 心頭一震。

「這是新公司的名字。」轉過身來，陳有恆：「我其實想了很久，這幾週顧問也頻頻問我。思考後，我就決定取這名字。這名字有點俗，我知道，但我覺得對客戶卻是俗又有力。武抗，發音類似『無抗』，沒有抗生素。而『武』這個字，代表我們提供武器給養殖戶及未來其他客戶，讓他們對抗細菌及病毒。」說完，大家一陣鼓掌歡呼，張所長也微笑地點點頭。Q 還將拇指跟食指放在嘴中吹了個口哨！

講完坐回觀察席，Q 向陳有恆比一個讚的手勢，表示佩服！很明顯的，他在這段時間下，已經很能夠從客戶角度思考事情，看這名字就是。

Q 常從資深顧問嘴裡聽到：「只要能從客戶角度思考，事業就成功一半了！」武抗，看來有一個很好的開始。當然，要說成功，絕對還太早。

除了陳有恆，團隊的大家似乎也越來越有商業腦。大家在市場情報蒐集上，更能善用越志所教導的工具進行，找到的資訊也越精準。之前越志教大家「神秘客」（mystery shopper）這種市場調查方式後，團隊覺得很有趣，也自發性地明查暗訪一些市場上水產抗生素的使用情況。

　　大家雖然不是專業神秘客，但也從其他水產資材行帶回一些市場的觀察。陳博士也請海洋大學林堂檢教授介紹幾位比較熟的學生，這裡面有養殖中小戶，也有養殖大戶，團隊於是運用越志上次嘉義行的模式，請教更多實務養殖的痛點（pain point）及需求。

　　密集討論後，越志帶領團隊產出了如下的通路地圖：

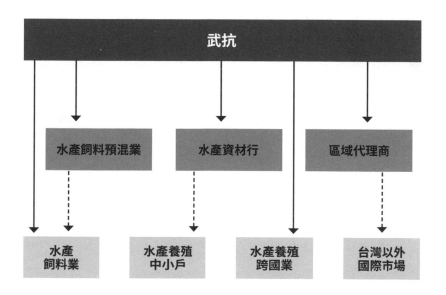

圖中實線箭頭代表由武抗公司自己跑業務，也就是所謂的「直接銷售」（direct sales）；虛線箭頭代表由通路經營的市場，稱為經銷（indrect sales）。

　　從這張通路地圖，武抗公司將「水產飼料預混業」、「水產資材行」當作台灣通路夥伴，分別銷售給「水產飼料業」及「水產養殖中小戶」這兩個市場的客戶。也規劃未來將有業務人員直接開發「水產飼料業」及「水產養殖跨國業」這兩個市場。

　　而「水產飼料業」因為有直銷及經銷，未來兩邊要討論彼此的責任範疇，避免衝突。國外市場，預計以「區域代理商」作為合作夥伴。有了這張通路地圖，大家感覺離市場又更近了。越志鼓勵大家未來可從 open data 中找出這些潛在客戶的名單，進行業務開發，就如上次找出「輸歐盟漁產品養殖場登錄合格名單」一樣。

　　嘉義拜訪的水產資材行，就是負責當地的「水產養殖中小戶」。他說想要嘉義、台南兩地的獨家經銷，從這張通路地圖的規劃看來，有機會。當然，後續雙方還要談條件，才知道適不適合給獨家代理。

　　若是按照這張通路地圖發展市場，也代表公司未來勢必要招募行銷、業務專業人才。

　　有一本書《精實創業》（*The Lean Startup*）說：「初創公司應該視業務、行銷與技術、產品開發同等重要。」越志這些年來在服務新創公司也的確發現，許多深度技術（deep tech）

型新創公司因為長年深耕技術，忽略在公司內建構業務及行銷的人力。有些即使想找這領域人才，也不知道如何設計這種專業人才的職能。

即使透過人力銀行或朋友介紹找到這樣的人，也不知道怎麼面試。這也是如梅之前說的「They don't know what they don't know」的一部分。因此，這部分將需要在商業計劃書中的「團隊」部分說明，要招募什麼樣的業務團隊，以及怎麼招募。看來，這部分越志也要幫忙才行。

第五回

完整商業計劃書

　　在如梅、Q 及陳有恆團隊努力下，整整 3 個月後，總算產出一份完整的商業企畫書，結構如下：

---

1. Executive Summary 綜合摘要
2. Company Description 公司概況
   - Vision, Mission, Objective 願景、使命及目標
   - Management Team 經營團隊
   - Core Competence 核心能力
3. Business Description 商業機會
   - Total Market and Segmentation 總體市場及市場區隔
   - Competition 競爭比較
4. Product, Service, Solution 產品、服務及解決方案
5. Go-to-Market Plan 事業規劃
   - Marketing Plan 行銷計劃
   - Sales Plan 銷售計劃
6. Finances 財務（含募資計劃）
7. Risk Analysis 潛在風險分析
8. Reference 參考資料

這過程很費力，因為價值主張、TAM/SAM/SOM 等市場規模數字也持續根據進一步的市場情報資料而滾動式調整。因此，內容是一修再修。

以架構而言，越志要大家在 BP 中多談市場，少談技術。

原本第一版是 125 頁的報告，其中「4. 產品、服務及解決方案」部分就佔 68 頁，「3. 商業機會」只有 8 頁。後經過越志大幅調整，整份 BP 不含「參考資料」精煉到只剩下 56 頁。「商業機會」最多，有 15 頁；「產品、服務及解決方案」減少到只剩 6 頁，其餘部分有些刪除，有些移到「參考資料」。整份 BP 因為這樣的調整而讓主軸由技術轉為商業，更像是投資者會感興趣的簡報內容。

其中，「1. 綜合摘要」扼要說明整份 BP 最核心的重點，包含「武抗公司」的願景、使命、定位，修訂後的價值主張也在此呈現。整體市場規模 TAM ／可觸及市場規模 SAM，及新公司未來 5 年目標營業額 SOM 的估算、未來 5 年的財務分析、潛在風險等。陳有恆很積極，在亞洲水產抗生素 SAM 的新台幣 25 億元的機會中，他規劃 5 年後要拿下 8,000 萬。

整份 BP 第一次說明時，一般要花 1 個半小時以上的時間才有辦法深入討論。但有時候，重要的決策者們（越志稱為 DMU，Decision Making Unit）只能參加這重要會議的前 10 分鐘，這時「綜合摘要」就派上用場了。

另外，在「經營團隊」部分，12 位同仁裡，有 7 位願意到新公司任職，分別會在新公司擔任研發經理、研發工程師及產

品經理等與技術、產品開發直接相關的職位。有 5 位則表明，想待在原單位，不願出去創業。7 位，對張中興跟陳有恆而言，已經非常滿意。畢竟，在越志進來協助之前，大概只有陳有恆一人想出去創業。

越志在經營團隊的部分請大家也要放上與未來新公司有關的經歷，例如陳有恆博士就強化自己之前的創業經驗。雖然前一次失敗，但有經驗的投資者也清楚知道，比起創業小白，失敗過的創業家還更有成功的機會。

在結案報告時，是由陳有恆向張中興報告本份 BP 的內容。看得出來張所長很滿意這樣的產出。也直言，院長肯定支持這樣的商業計劃書。

「顧問，很謝謝你們，與 1 年前的我們相比，簡直是脫胎換骨，看得我都想出去創業了，哈哈哈哈！」一聽就知道張中興講的是場面話，他怎麼可能出去創業，但他高興的心情溢於言表。

「我很直接地請教你們一個問題，」高興之餘，張中興也不忘關心一個問題：「武抗這家公司如果院內投審會通過同意拆分出去，會不會成功？」

「哈哈，主任，我就知道你會問這個問題。我的回答還是跟第一次碰面時一樣：我不知道。因為，變數還很多。但是，**商業計劃書就如一份商業體檢報告，哪裡有紅字，也知道哪裡需要補強了。**」如梅笑著回答。

張主任帶著笑容聽完這段話。這笑容是有信心的那種，

已經不再是之前那種無知的笑容。「瞭解。那請問，武抗公司成立後，在經營管理上如果還需要越志的協助，你們可以幫忙嗎？」

「當然。」Q 不等如梅回答：「一日客戶，終身客戶。我們絕對會優先考量貴單位的需求的！」

後來，投審會通過本案，院方也投資新台幣 2,500 萬元。3 個月後，陳有恆帶領 7 位同事，由台灣尖端研究院拆分出去成立了「武抗股份有限公司」。陳有恆博士成為總經理，正式帶領公司朝向願景邁進！

從一開始的洽案，到武抗公司的成立，這是 Q 進越志後第一個完整參與的客戶專案。他很珍惜這機會，也不知道往後是否有機會參與其他專案。如果沒有，那這專案將是他在顧問業第一個、也是唯一的一個代表作。

做完結案報告的這天晚上，Q 很開心地約了瑪莉一起到位於 101 大樓 85 樓的高檔景觀義大利餐廳吃晚餐，慶祝專案順利結案。這頓，是兩人認識以來花最多錢的一餐。瑪莉很開心，對面這位男友似乎掃除了 3 個月前的陰霾。不知道是因為這段時間他較少跟老闆接觸，或是他已經喜歡上顧問這工作。不重要，享受當下的美食先。兩人的感情也隨著服務生送上的一道道餐點，而逐漸堆疊、加溫中。

跟瑪莉分開後，Q 在回南勢角的捷運上，將筆記本再次拿了出來。他閉著眼睛，試著回顧這專案的重點。但首先出現在腦海中的，居然是如梅的雙腿。才跟瑪莉分開，卻想著女神。他趕緊打了自己的臉，試著讓自己專注。坐隔壁的大嬸看了他一眼後，就將自己移動到對面座位去。

靜下心後，他記下幾項後續可以反思的重點：

1. 如梅對官方、半官方類型的組織拆分成立新公司很不看好。後續要持續跟陳有恆保持聯絡，觀察武抗是否會夭折。

2. 賈伯斯說：「客戶不知道自己要什麼。」（People don't know what they want until you show it to them）如梅的說法卻是：「產品，是由客戶來定義的」。哪一個觀點才是對的？他們的說法為何不一樣？

3. 以前教授說，公司的願景跟使命，大多是由老闆一人拍拍腦袋就決定了。本次在武抗，卻是由關鍵員工共同討論後產出。這兩種方式各有何優缺點？

4. 《精實創業》作者說：「初創公司應該視業務、行銷與技術、產品開發同等重要。」本次專案，跟著武抗研究市場，也實際訪談客戶、通路商，發覺這句話所言不假。其他新創在沒有顧問提供諮詢服務下，也會投入行銷業務資源嗎？如果會，他們會怎麼做？

第四章

轉型

游品蔚：
「成立一個行銷團隊，研究客戶的客戶。藉由趨勢，來告訴客戶未來可以做什麼產品。」

第一回

第二成長曲線

　　台灣尖端研究院案子結束後，在如梅推薦下，Q 緊接著加入廖英文、蘇山兩位資深顧問的專案，總共約 6 個月。在這種跟專案團隊相處時間遠多於主管的企管顧問業，他又跟資深顧問多學了幾招企管顧問的手法及心法。大約在進越志滿 1 年之際，他就被安排到另一個專案。

　　這專案，棘手。棘手的不是案子本身，而是本案的主持顧問，是黃豔文，也就是難以溝通的老闆。之前跟著如梅執行案子，她的有問必答，加上好奇心，Q 自己都可以感覺到在「企業醫生」這個角色上的明顯成長。但以豔文的溝通模式，這個案子能學到多少，他自己是打了一個問號。

　　現在被安排到這專案也有點尷尬。

　　9 個月前，在跟理查、李俊凱、瑪莉聊過後，跟自己說如果與老闆的溝通沒有改善，就離開。但這段時間，都是跟資深顧問們埋首在專案中，與老闆相處時間反而少了很多。現在提

離職，好像怪怪的。一來也沒有那麼痛苦了，二來也還沒仔細思考過創業題目。「那就先隨遇而安吧！」Q跟自己說。

還好，這個案子還有另一位顧問呂成寶。他是豔文以前在慧普的部屬，是業務高手，招牌就是笑臉迎人。有他在專案團隊中，至少可以減少與豔文獨處的時間。他最怕跟老闆尬聊了！

企管顧問分很多類，有些專精在人力資源、有些則以ISO認證作為專業，大家各司其職。客戶若提出非自己專業的需求，則會轉介給信任的顧問公司，本案就是由另一家管顧公司轉介。客戶需求是「轉型」（Transformation），該公司評估並非其專業，但也囑咐：「這是我們長久合作的客戶，請你們務必好好協助。」

身為客戶經理的Q當然允諾。

由於本案比較複雜，加上這是該公司第一次進行轉型的專案，因此除了越志，業主還找了3家公司洽談。美商I、美商B，以及法商C。美商I比較知名的是軟、硬體，這是Q第一次知道原來他們也有顧問服務。美商B很有名，讀MBA時就有討論過其管理工具。法商C，是聽如梅說才知道是歐洲代表性管顧。換句話說，本案競爭者都是超級大的企管顧問公司。

這倒是讓戰鬥力滿百的Q燃起鬥志。心想：「一定要拿下這個案子！如果可以打敗在管理教科書中教授提及的顧問公司，那我不也是傳奇人物了嗎？哈哈哈哈！」週末在中和租屋處準備著隔天要開會內容的他，越想越興奮，整個人都嗨起來了！雖然無法跟瑪莉約會，他也不以為苦。

隔天，豔文、成寶及 Q 三人，前往位於台南、專精於高端觸控面板的「高強公司」，向該公司瞭解需求。

「黃董事長好，久仰大名，我是金大偉。不好意思，麻煩您下來台南一趟。這位是曹可欣副總，是經營企劃部門的主管，當初就是她的顧問朋友推薦貴公司的。」穿著白襯衫、藍西裝外套的金董事長肚子不小。「公司很賺錢，平常吃很好喔！」Q 心裡偷笑著。

曹副總，有著瓜子臉跟鳳眼，第一眼看起來有像是中國古畫裡走出來的女子。長髮紮起，外表亮麗，搭配西裝外套及褲子，看起來很幹練。「身高應該有 168 公分吧！」Q 心裡想。

雙方都介紹過彼此、秘書也準備好咖啡後，就開始針對需求進行討論。

「謝謝你們的邀請。在我們來之前，團隊做過研究。觀察到貴公司在過去這 5 年經營績效非常好，不只營收逐年成長，年複合成長率達 18%，就連淨利率也是逐年升高。去年配發的股息還創下歷史新高，股東肯定也很滿意。你們的表現，在許多經營指標上也明顯優於業界的其他公司。這樣的資優生，」豔文帶著笑容：「請問有什麼是越志可以幫上忙的？」這句話似乎是越志跟客戶第一次討論時的標準句型。

豔文說到一個 Q 在過去這一週，讓瑪莉不爽、連週末都沒空陪她的忙碌工作：研究高強的「公司輪廓」（company profile）。越志為了與對方有相同的語言，促成深度討論，在拜訪公司前都會透過公開網站、新聞、政府資料庫等公開資訊，

以及越志自己的公司資料庫等管道先研究該公司發展歷史、重大新聞、財報、策略發展、市場等重要資訊，建立起公司概要輪廓。

同時，也會蒐集客戶的競爭同業、供應商、客戶等產業上下游資訊，內部先進行討論，並站在經營者角度，提出經營者可能面臨的問題。這樣的資訊，在越志內部稱為「公司輪廓」。有時候，在進行研究時會找到老闆腥羶色的八卦新聞。不過，這次倒沒發現。

「哈哈，董事長您過獎了，」金董笑起來有點可愛：「也謝謝你們團隊這麼認真研究。您說的沒錯，其實，我們公司沒什麼大問題。只是，我最近在想一件事情，有時候會想到睡不著。」

「哦，是什麼事情呢？」Q 這時心裡 OS：「豔文你可好了，面對客戶時會以二聲的『哦』表示疑問、繼續溝通。面對我卻只以輕聲的『喔』來停頓我倆的討論……。」

「公司的未來。我們現在的確表現還不錯，但您在顧問業，客戶各產業都有，一定觀察到現在政策法令及產業變化相當快速。我們現在最大的客戶是『鳳梨』這家公司，它佔我們營收達六成。我是一則以喜、一則以憂。」金董說話慢條斯理。

接著繼續說：「我們很感謝這個大客戶對我們的信任，讓我們業績逐年提高。但讓我睡不著的，是哪天它找了其他公司取代我們，我們就完了！上千名員工背後代表上千個家庭，我的壓力不小啊！」

聽到這，Q 有點暗爽。在做「公司輪廓」時，Q 從高強公司年報及分析師報告中已經看到此現象，這很明顯會有「雞蛋放在同個籃子裡」的潛在風險，他也向豔文提出這個觀察。想不到，這就是金董最關心的議題。賓果！

　　聽完金董說的，豔文說：「分享個晚上可能讓您睡好一點的案例。我們一個營收達 10 位數字的客戶，其單一大客戶佔營收超過九成。據我所知，董事長晚上睡得還不錯！」

　　一聽到這段話，金董大笑了出來，呂成寶也是，Q 笑得更大聲，還好這次沒摔倒。其實 Q 並不知道是否真有這客戶存在，但，就是很好笑。

　　這時 Q 觀察到一個突兀的現象：所有人都大笑，但曹副總笑得好像沒有很自然。「不知道是不是剛做完臉部醫美手術？」他心裡在想。聽瑪莉說，剛做完的人臉部表情都比較僵硬。

　　一陣笑聲後，豔文：「不過話說回來，我們研究過鳳梨公司跟你們的關係。你們怕他們琵琶別抱，不給你們訂單。其實，他們更怕你們不供貨給他們，因為你們是鳳梨智慧手機最關鍵的零組件供應商之一。」

　　「怎麼說？」金董好奇地問。

　　「你們現在營收約 100 億，」豔文繼續說：「鳳梨給的訂單佔了你們 60 億。鳳梨公司的營收換算成台幣是 1,500 億，是你們的 15 倍。而你們供應給他們的零組件所做成的產品，佔了他們總營收的 40%。少了你們這家關鍵供應商，對他們影響的生意達新台幣 600 億元。根據我們研究，第二家供應商目前也

無法立刻補足這缺口。從簡單的賽局理論來分析，他們『現在』不能沒有你們，畢竟他們是美國上市公司，華爾街的投資者絕不允許這種事情發生。」

聽完這段分析，Q嘴巴張得大大的，口水差點流出來。想不到豔文會從這角度來談。畢竟，自己在做公司輪廓時，並沒有分析這一塊。「奇怪，難道豔文自己也做了鳳梨的公司輪廓分析？」他心想。

但更驚豔的似乎是金董，那表情就像是被醍醐灌頂般。倒是，曹副總居然沒什麼表情，也不知道她是在想什麼。這時的Q腦海中突然跳出了「蒸便當事件」那位天真可愛的于小姐，這兩位小姐真是南轅北轍。

金董在滿意地點頭後對著豔文說：「很謝謝您的分析，我覺得很有道理。這麼一說，讓我寬心了不少。所以根據您的經驗，我就是這樣穩穩地做，也不必多想？還是我們公司該怎麼思考現在的處境？」

「你們現在的情況，就是沒有近憂，但有遠慮。我剛剛說鳳梨公司『現在』不能沒有你們，不代表『未來』不能。我們的經驗，像鳳梨這樣的國際級大公司，都儘量採用『雙供應商政策』，甚至是『多供應商政策』。一方面好議價，一方面也是不能讓自己公司被單一供應商綁架。」說到這裡，豔文喝了一口咖啡。

然後繼續：「如果只有一家供應商，而該供應商突然有任何狀況，自己也會有麻煩。老實說，我以前所任職的外商也是

這樣。我們的國際採購部門很專業，3C 產品在亞洲會有第二、第三供應商。」

說到這，Q 回想起之前在硬材時期。當時台蹟電製程主管常拿硬材公司的產品跟最大競爭對手相比，即使該站製程已經是使用自己公司的設備，但還是會評估另外的設備商。原來，台蹟電也是採用雙供應商政策。

「供應商跟客戶之間的供需，就是一種恐怖平衡。」豔文繼續。「大家在比的，就是談判力、議價力。看是你比較需要我，還是我比較需要你。你們雙方現在的水乳交融，從我的角度看就是達到一種平衡狀態。但以我對國際級公司的瞭解，鳳梨公司內部未來勢必會想要改變這樣的平衡狀態，讓自己的談判力更強。」

「所以我們也要增加談判力，是嗎？」金董似乎從這段談話悟出了一個方向。

「沒錯！」

「請問可以怎麼做？」

「找出公司的第二成長曲線。這樣一來，就可以降低對單一客戶的依賴。」當豔文說到這裡，Q 馬上就想起 MBA 教授提到的第二曲線（The Second Curve）。成功的企業，總是在公司還在健康狀態時，就積極尋找。

「要怎麼找？」金董似乎擔心自己分寸沒有拿捏好：「不好意思，不知道我會不會問太細了。如果這個是簽約以後才可以分享的話，也沒關係。」

「呵呵，」豔文笑著回答：「我不希望增加另一個晚上讓你睡不好覺的因素，今天談話完全免費。」豔文的幽默讓大家都笑了出來。曹副總也笑了出來。「看來，她只是慢熟。她笑起來還真美。」Q 心裡想著。

針對「怎麼找？」，豔文回答了：「我們有一套『5 步驟策略規劃』方法，可以逐步帶著你們探索出第二成長曲線可能是哪種事業。這套方法有另一個附加價值，是讓公司的高階經理人都有一套共同的策略語言，越志也已經導入過好幾家公司。我想，適合你們現階段轉型的需求。」

「太好了，有一個架構最好了。」金董很開心，即使雙方還沒合作。「之前曹副總有跟我提到一項觀察，說近幾年也有不少大公司正在投資或併購一些比較小型的公司，包含新創。我們手上資金部位不少，也有考慮。只是不知道怎麼開始。請問這部分越志可以在本專案中也給我們建議作法嗎？」

「謝謝你提出這部分。當然沒問題。的確，第二成長曲線不一定靠自己內部發展。透過外部的投資、併購也是一條路徑。尤其台灣的創業風潮很盛，這些年來有不少優質的新創公司成立。我們會納入這部分的議題，沒問題。」這時豔文面露微笑：「搞不好，曹副總研究過的大公司或新創公司，裡面就有越志的客戶。」

「今天這樣討論下來，我比較有一個輪廓了。真是感謝越志。」金董說：「後續可否就請你們提供一份專案企劃書，我很期待有機會跟你們合作。」

金董跟曹副總送 3 人到門口上計程車後，豔文向計程車司機說：「請送我們到『葉家小卷米粉』。」看到 Q 驚訝的表情，豔文：「今天談得很順利，你在公司輪廓研究中，觀察到高強公司的最大隱憂，有打中了。因此，我先請你跟成寶去吃台南道地小吃，再搭高鐵回台北！」

　　老闆這個小動作對 Q 極為重要，因為他的努力被老闆肯定。尤其是過去這段時間跟老闆溝通這麼不順的情況下，老闆這碗小吃，對他起了大大的作用。莫非，「老闆開始喜歡自己了？」他心裡腦補著。

　　今天這樣的需求對談，Q 有個深切的體悟。工程師時代的自己，只關心產品瑕疵、良率這一類的工程問題。當時的他，常覺得捲起袖子動手做的工作，才是「真正在做事」。那些坐辦公室的主管們，都只是出一張嘴巴。但今天金董關心的永續經營、千名員工的家庭等議題，完全是不同層次。想到這兒，他深覺自慚形穢，怎麼以前的自己這麼沒有高度啊！

　　這個專案列強環伺，不論對 Q、或是對越志而言，都非簡單一役。然而經過 2 週密集準備，與各家國際顧問公司提案比較後，最終越志打敗群雄，順利拿下此案。這結果，大大強化了 Q 身為企管顧問的信心。

||第二回||

攘外必先安內

在簽訂的合約中，本轉型專案預計花 4 個月的時間，並以越志的「5 步驟策略規劃」方式來進行：

	階段目的	階段產出
1.0	確認願景、使命、10 年目標	●願景 ●使命 ●中長期營運目標（10 年目標）
2.0	分析產業結構與競爭生態	●產業結構分析 ●產業價值鏈 ●競爭態勢分析
3.0	決定市場區隔、選定目標客群	●客戶需求分析 ●市場區隔模式 ●目標客群描述與量化
4.0	定位價值主張、設計價值活動體系	●價值主張 ●定位 ●價值活動體系
5.0	形成策略、展開行動方案、規劃資源與應變	●策略總覽 ●策略行動方案 ●功能部門行動展開 ●資源需求 ●風險評估 & 風險驅動條件設置

在簽約後一次內部的專案準備會議時，Q很高興地說：「我們打敗各家國際知名顧問公司拿下高強案，我們算是擠身到企管顧問界的名人堂了吧！」喜歡看各項運動賽事的Q以「入名人堂」來形容越志在企管顧問界的地位。

「你要這麼說，我也不反對啦。只是，棒球界的名人堂都是列名在上，聲名遠播。但企管顧問業，拿下客戶案子是不會高調的。」看到這個年輕人這麼興奮，一向沈穩，但拿下此案也很開心的豔文說著。

然後繼續：「畢竟，客戶在進行策略轉型時，不希望競爭對手知道，都是恬恬著做。因此，我們自己知道是擠身到名人堂即可，對外就不需要講這件事情！」接著，豔文就將咖啡杯舉起來，Q也舉起手中的咖啡杯跟豔文作勢乾杯。看來，他們兩人的關係更上層樓了。

於公，Q非常高興拿下本案；於私，他則是有點小顧慮。

在宣布拿到此案的當天晚上，Q請瑪莉到一家運動餐廳晚餐，慶祝自己的勝利。同時，也幫台灣網球一哥盧彥勳在溫布頓的16強賽事加油。Q是個運動咖，在排球、桌球、羽球這些有網子的球類運動打得不錯。同樣是有網子的運動，網球則是剛開始學。

老闆豔文喜歡網球，看Q運動細胞不錯，偶爾會跟太太找他一起打球。豔文太太在大學時是網球校隊，打得很好。Q在運動上很有天賦，因此老闆邀請打網球他也沒在怕的。雖然一開始連網球拍怎麼拿都不知道，但第一次打完後，豔文的太太

就稱許他很厲害，第一次就上手。

　　他之前因為在公事上常熱臉貼豔文的冷屁股，因此想要跟豔文有公事以外的話題可以聊，網球這項運動是個好的開始。而今晚這場賽事當然是非看不可，也希望自己接到大案子的好運氣可以無線傳輸到英倫的盧彥勳，為台灣運動史寫下新頁。

　　Q 要了點心機的點了瑪莉最愛吃的豬肋排、凱撒沙拉，以及鳳梨冰沙，豬肋排不是 2 人吃的半份，還是全份的。

　　點完餐，瑪莉笑臉跟女服務生說聲謝謝後，請她留下一份菜單說要再看看其他菜色。結果服務生一離開，轉頭就以那份又大又重的菜單往 Q 頭上 K 下去。「剛剛在點餐時，你的眼睛在看哪裡啊？！」這家餐廳的另外一個特色就是女服務生的裙子都穿很短。

　　「痛耶！」Q 是那種偷吃還不懂得擦嘴巴的傻直男。

　　「廢話，當然痛。誰叫你眼睛不乖！」瑪莉像是在跟國小一年級生訓話一樣，說他不乖。

　　「好啦，我下次不要盯著人家看就是了。」

　　「什麼叫『不要盯著人家看』？是不准看！」

　　修理完後，瑪莉回到食物上。雖然喜歡，但表面上也還是要說：「幹嘛點那麼多，浪費。我們才 2 個人，這樣吃不完啦！」

　　「就妳喜歡吃啊，反正現在才 8 點多，今天盧彥勳這場比賽應該很有看頭，我們就慢慢吃，我打算用念力幫他加持！」說著說著，Q 就閉起雙眼、緊密雙唇，將兩根食指指尖放在太陽穴上抖動著，好像在發功一樣，逗得瑪莉呵呵笑。

一會兒，服務生開始上菜。凱撒沙拉吃到一半、熱騰騰豬肋排一端上桌，見到瑪莉露出開心的笑容。Q覺得時機對了，於是切入了讓他顧慮的主題：「我跟妳說哦，我剛接到這個客戶的案子，執行上會有不少時間是在對岸的蘇州。」

　　帶著笑容，左手用叉子抵住、右手正在切鮮嫩多汁豬肋排的瑪莉臉色一變，雙手立刻將刀叉放下：「去多久？」眼睛還睜大大地看著他。

　　平常看瑪莉的大眼睛覺得很漂亮，現在的大眼睛，則有點恐怖。

　　Q放低音調也放慢速度：「嗯……大概4個月左右。」

　　「是4個月都住在那邊嗎？」

　　「沒有啦，就來來去去的。」

　　「那要去幾次？最長一次是多久？你們會住哪裡？」

　　聽到這裡，Q差點想打開電腦，將跟客戶談好的專案時程表整個拉出來給瑪莉看。在瞭解到最長的一次是3週後，瑪莉覺得也還好。因為，在交往初期於硬材時，最長一次出差是5週。這次，還比較短哩！看來瑪莉這部分，警報解除！

　　放下心中一塊石頭後，盧彥勳對上前世界球王羅迪克之戰也已經開打，第一盤以4比6輸球。由於瑪莉不希望隔天以貓熊眼去面對那群可愛動物，他們倆沒看完就回家了。出乎意料地，隔天一早起床看到盧彥勳幹掉羅迪克，進到溫布頓8強，創造台灣網球史上歷史紀錄。這場比賽無敵精彩，Q後悔沒有整場看完。

隔天一早，老闆豔文一看到他，果然就興奮地問：「昨晚盧彥勳比賽有看吧？太厲害了。」

　　「對啊，太猛了。第一盤輸了後，後面居然可以追上。第三盤贏了後我看盧整個人信心都起來了，你來我往後，想不到第五盤可以拿下。太精彩了！希望 8 強戰對喬克維奇也可以再上一層樓！」說得好像全程觀看一樣，其實後面也只有看賽事集錦。看得出來，他還是有努力想跟老闆有更多不同層面的良性互動。

　　「那來吧，」豔文說：「我們接下來就好好準備這個好不容易拿下、也同樣是打敗國際級競爭對手的專案吧！」

　　在豔文、成寶、Q 於台灣準備了 2 週後，團隊旋即飛往蘇州，執行本專案。

第三回

只給釣竿不給魚

　　Q 在硬材出差過幾次，但當時是穿 polo 衫的工程師，到了舊金山機場還需要自己租車，邊攤開紙本地圖、邊開到位於矽谷總部附近的公寓。雖然偶爾會跟美國同事到餐廳用餐，但大部分晚餐還是去矽谷華人愛去的「大華超市」，買食材回到公寓自己煮。

　　這次出差則很不一樣。

　　在機場時，Q 想起《型男飛行日記》（*Up in the Air*）這部電影中，喬治・庫隆尼所飾演的主角 Ryan，穿著黑色西裝、黑色皮鞋，拉著黑色登機箱。站在候機室裡往機場上的整列飛機看去，自覺就像是劇照中的角色，蠻酷的！

　　高強公司安排越志團隊入住的是在蘇州金雞湖畔的凱賓斯基飯店（Kimpinski），是這附近最高檔的飯店。Q 想：「太好了，晚餐不用自己煮了，客戶也不會詢問是否需要蒸便當了！」

　　入住飯店第二天，就是專案起始會議（kick-off meeting）。

起始會議，高強公司列席的除了金董跟曹副總以外，也包含了金董的一階及二階主管共 18 位。

　　對於策略規劃的專案而言，起始會議是重要的。因為除了金董事長及曹副總，其他主管將在此會議中第一次全面瞭解專案內容。Q 是本專案客戶經理，在起始會議中，針對本專案的目的、執行細節、時程規劃及需要高強公司主管配合的部分，逐一說明。按照規劃，內部會訪談 12 位員工，外部會訪談 8 家客戶、6 位產業專家。

　　加上 Q&A 的部分，這 1 個半小時的起始會議，讓在場所有人都有了未來 4 個月，雙方要如何貢獻在高強公司轉型專案的完整認知。

　　休息半小時，緊接著一整天的「5 步驟策略規劃」訓練工作坊。休息期間，Q 邊喝水邊感受自己心跳。有點快，畢竟這是他生平第一次在上市公司一群最高階主管面前進行報告。

　　此工作坊由主持顧問黃豔文主導，並將所有主管分成 4 組，功能別打散，期望讓工作坊各組的討論更全面。身為專案負責人的曹副總也在其中一組，金董則是擔任觀察員，不參與討論。

　　這場訓練工作坊，是讓大家在缺乏系統性內外部資料下，先試著根據經驗進行初步討論，一來是讓大家知道流程，再來也是讓大家體認到，在缺乏足夠資料下，各組的腦力激盪能夠產出的洞見也還不多。有了這個認知，之後高強專案成員準備資料將可以更到位。

　　豔文在第一張投影片，就開宗明義說明「策略」跟「策略

規劃」的關係。他是這麼說的：「策略是一個事業體為達成卓越績效，在面對競爭時，決定要服務哪些客戶、滿足哪些需求、使用何種價值創造方式，所做的取捨抉擇。」

　　「也因此，相對於策略 5 項下標內容，策略規劃在做的事情就是對應的 5 項工作，分別如下：」

策略與策略規劃

策略	策略規劃
策略是一個事業體， 為達成卓越績效， →	使命／願景／目標
在面對競爭時， →	產業結構分析、競爭對手分析
決定要服務哪些客戶、 →	市場區隔、目標客群
滿足哪些需求、 →	價值主張、差異化
使用何種價值創造方式， → 所做的取捨抉擇	價值活動體系、垂直整合程度

　　Q 注意到豔文所談的策略，跟他在政大 MBA 時所學的策略不盡相同。當時所學的企業策略，主要是從司徒達賢教授習得。對他而言，在該課堂上最深刻的學習是「如何聽懂別人的話」。同學私底下常稱呼為大俠的司徒老師說：「企業領導人常只會說，不會聽。而一位不會聽的領導人會失去許多做好決策的機會。」

　　除了教授，書中每位大師對策略的定義也都不一樣。因此，

聽到豔文跟司徒大俠從不同角度談策略，他也不感意外，倒是想要好好參透理論派跟實務派有何不同。

依據這 5 步驟，豔文開始講述內容，並帶領大家討論。Q 在過程中跟呂成寶顧問共同擔任助教的角色，促進各組討論。

在整天講述內容中，有個故事讓 Q 深受啟發。

在一個飛機維修廠中，航空公司的公關部門安排網紅以神秘客方式瞭解維修人員的工作，期望讓大眾對該航空公司建立起安全的品牌形象。

網紅問甲：「請問你在忙什麼？」汗流浹背的甲：「沒看過黑手鎖螺絲嗎？」甲看起來有點不耐煩。網紅有點悻悻然走開。

到了另一架飛機旁又問乙同樣問題。乙：「我們經理說，每次飛機回來，飛航中因為震動可能引起螺絲鬆動。因此請我逐一將機體螺絲固定，確保安全。」乙的態度比甲好多了。

原本打算離開，但網紅居然看到另一位帶著笑容、又哼著歌的丙，於是好奇問他：「為何你這麼開心地在鎖螺絲？」。

年輕的丙雙眼炯炯有神：「我自己雖沒搭過飛機，但聽我們總經理說，許多旅客是商務出差，或是飛往異鄉去看許久未見的家人。因為我們維修工程師這個重要又無可取代的工作，讓每位乘客有了安全的旅程，也提供每位乘客有一段美好與難忘的回憶！」

「大家想想看，我們高強的同事有些人可能會覺得自己是黑手，做的事情沒什麼價值。但如果公司有一個激勵人心的願景，也讓高強的同事都可以像丙一樣，體會到自己工作的獨特價值。那高強是不是會很不一樣？」豔文勉勵著大家。

5 步驟策略規劃的第一步，就是探討願景／使命及目標。豔文以這個案例來讓在場的大家理解：一家擁有激勵人心、且常與員工溝通願景的企業，員工做起事來更有動力，主管更好領導員工，企業當然也更容易成功。豔文，很會說故事。同樣是願景工作坊，帶法與女神如梅稍微不同，Q 也學到了。

在整天工作後，越志團隊回到飯店裡豔文的房間進行晚餐會議。3 人拉著椅子圍著小桌子一邊用餐、一邊分享今日的觀察，目的是讓團隊在隔天開始的內部訪談更順利。一整天下來，最令 Q 印象深刻的是曹副總以及製造部蔡副總。

曹副總是一位很聰明的人，在工作坊中進行報告的時候邏輯清楚、分析內容都有事實根據。蔡副總則是完全相反。報告時邏輯不清晰，搭配著台灣國語，讓他在工作坊上的報告相形失色。不只是跟曹副總比，跟其他主管學員相比也是。

Q 提出這些觀察，豔文跟成寶也表示贊同，但也沒有再針對此事進一步討論。整個晚餐會議大約 1 小時後，就各自回到自己房間，準備隔天的訪談工作。

回到房間後，Q 打開電腦再度檢視當初請曹副總提供的「願望清單」。所謂「願望清單」是指越志在一個專案簽訂合約及保密合約後，請客戶提供的資訊。

一般而言，組織圖、前十大客戶名單、按產品或地理區的營收分佈、公司發展歷程中關鍵策略及事件這些都是基本的。而若有內部訪談，則受訪者的學經歷也是必要的，這些資料可以讓執行訪談的顧問與受訪者有更深入的互動。

　　曹可欣，40 歲，台大商學碩士，在其他上市公司歷練過，職涯以業務為主。蔡榮貴，50 歲，台中高工畢業，之前是從高強公司基層操作員幹起，一路往上升到課長、經理後，擔任廠長，並由廠長升任製造部副總，在高強已經 32 年，職業生涯都在高強。

　　Q 心裡想的是，這兩人都蠻厲害的，曹副總是外表、內涵都很有料的專業經理人。而蔡副總，看來是苦幹實幹，認真努力後被金董賞識，轉任製造部最高職位的高強寶寶。

　　隔天的訪談，曹副總還是表現出一致的專業，而當談到高強公司的未來時，更是表現出強烈的企圖心，直指公司的第二成長曲線，應該朝向更有前景的汽車產業，公司也要據此延攬這產業的人才，並淘汰無法跟著公司成長的人。

　　有意思的是蔡副總在訪談中，就沒有如在工作坊般那麼的口齒不清。他侃侃而談自己在公司一路上來，很感謝董事長的賞識及給他歷練機會，尤其大客戶是世界級的公司，而他們對我們製造要求這麼高的情況下，授予他這麼重要的一項工作。畢竟，自己是一個學歷不高的黑手。原來，蔡副總只是不習慣在台上講話而已。

　　目前為止 2 天半的訪談，金董那一場對 Q 最有意義。或者

說，對 Q 決定繼續待在越志，最為關鍵。

在 1 個半小時訪談中，金董除了談到對本專案的期待外，也談到他對主管們的期待。

「可能是公司已經 30 多年，久了，發現主管們不大會主動進行思考，普遍都在等我下決定。有時候他們問我的問題思考不夠深入，也不會提供他們自己的想法。我是可以直接告訴他們怎麼做，但每一次都這樣的話，他們就越依賴我了，也會變得更笨了！因此，我最近常回應他們：『你想想看後再來找我談。』其實，」金董話鋒一轉，「我也想透過這個專案，瞭解一階主管們的策略思維，5 年後將總經理這位置交出去。」

聽到這裡，Q 整個人就像是被電到一樣！

「我也不是什麼都懂，」他緊接著說：「很多時候我是希望他們來問我的意見時，是給我選擇題 A 或 B，我只要從 A 或 B 裡面給一個答案，而不是完全開放的申論題。如果在提出的 A、B 兩選擇中，也能夠跟我說明他選擇 A 或 B 的理由是什麼，那這是我心目中的最佳主管。換句話說，我希望他們可以從我的角度思考事情。」

原來金董在此專案背後還有這層目的。而他完全不知道，這些話對眼前這位年輕顧問有著天大的意義。

「原來，之前問豔文問題，他都不給答案，是因為期待自己能夠提出思考過後的想法。而且，自己之前就如金董提到的主管，都是以開放性問題在問豔文。當初高峰論壇邀請講者時，一股腦地就跑去問要邀請誰，而不是自己先根據論壇精神，研

究過符合的講者後，再提出幾位跟豔文討論，讓他拍板定案。」

想到這裡的他，已經錯過幾句話而沒有記錄下來。基本上他整個人就是處於出神的狀態。而且，還持續中⋯⋯。

「天啊！一定是這樣，這一定是豔文不直接給魚吃，而是要我自己釣魚的方式！」想透這一切的 Q，突然覺得一切都清晰了。理查說的、小蘋說的、瑪莉說的，都是對的！「老闆一定有他的理由」，這就是豔文的理由！

自己之前居然還咒罵老闆很不會溝通、馬屁精。原來，此時就在旁邊繼續訪談金董的豔文，過去這 1 年居然都是在訓練自己啊！雖然人在蘇州，他巴不得立刻跟理查和瑪莉講這一個大發現！有了全新的體悟，他對老闆黃豔文的態度，從此有了180 度的轉變。

這是對 Q 個人的重大收穫。對顧問團隊，在最後半天，也有一項不同的發現。

整個內部訪談規劃是 3 天，在第三天中午午餐時，顧問群在會議室都還蠻輕鬆的。回想這 2 天半，受訪者知無不言、言無不盡。大家都根據題綱分享現階段公司內部的核心能力、未來機會、客戶評價等內容，顧問群也都詳實記錄每一位的發言。

下午第一位是研發部莊協理。當他一坐下來，就拿起訪談大綱向所有顧問說：「這張訪綱我都看過了，也都有寫下答案，訪談後可以直接 email 給你們。我想跟你們談個不一樣的。」此時莊協理的表情嚴肅了起來。「但我先請問一個問題。你們在專案起始會議中說，訪談內容是統整大家看法，不會個別具名

提供給高層。是真的嗎？」

　　顧問為了達到訪談目的、找出事實，也同時要保護個別受訪者，許多時候在報告中不會透露個別受訪者講的內容，避免秋後算帳的情事發生。

　　Q 直接回答：「是的。怎麼了嗎？」

　　「好，那我就跟你們分享一件事。我問過幾位受訪主管，他們都說不敢跟你們談這件事。既然你們在協助我們轉型，也要知道內部最真實的情況才行。」

　　「對、對、對，這很重要。」Q 緊接著說。

　　「老實說，我們上面鬥得很厲害！」

　　面對這麼勁爆的說法，Q 眼睛睜大，好像還沒意會過來。成寶倒是見怪不怪地問：「怎麼說？」

　　「就曹副總跟蔡副總啊，兩人不對盤很久了，很有心結。他們倆最近越來越常在主管會議直接吵起來。以前曹副總在業務部門時，跟蔡副總常會針對生產與銷售之間有激烈討論。曹副總常抱怨製造部會挑產品來製造，而且只挑工廠內比較熟悉的產品。碰到不熟悉的，就會說這個不能做、那個不能做，讓新業務推展受限。」

　　「反過來，蔡副總也常抱怨曹副總跟客戶洽談時，沒有先來跟製造部仔細瞭解工廠的能力及生產排程是否可以順利生產。只說這個客戶很重要，一定要接。之前曾經發生過曹副總積極接單下，工廠無法出貨，曹副總在客戶端聽說被罰站很久。」

「兩位副總吵久了，後來就很常都是對人不對事。我們大家都看在眼裡，也覺得公司氣氛被這兩位高階主管搞得很差。現在曹副總到經營企劃部門，也常常會挑戰蔡副總的報告。論公司年資我是他們後輩，不方便說什麼。但現在是連我底下的兄弟都知道了，還來問我怎麼了。我還真是不知道怎麼回答他們。」看來是放在心中很久了，莊協理一股腦兒宣洩出來。

　　「既然是主管會議，」豔文問：「那金董事長面對這種情況有說什麼嗎？」

　　「我們老闆是好好先生，每次都說『好好說、好好說』。在我看來，事情根本就沒有解決。每次主管會議只要吵起來，大家就是一副『又來了』的表情！」Q看得出來莊協理是一位為了公司好而敢言的人。

　　豔文老神在在地說：「這就是公司需要有清晰願景的原因。我舉個例子，高強公司現在的主要業務是手機產品的觸控面板，假設我們設定一個10年後的願景是『成為引領世界潮流產品的專業觸控面板』，那除了做手機產品的客戶以外，做電動車的企業也可以是我們客戶吧？這時候如果BMW、Benz來找我們高強談案子，我們就可以接。」

　　「現在的我們因為沒有這樣的願景與目標，所以各部門容易會有本位主義，比較從自己部門的角度思考事情。某種程度比較是往內看，沒有往外看。若將企業營運比喻成一艘在大海中航行的船，願景就像是北極星。知道北極星在哪裡，大家就容易合作向前。」

看來莊協理是一位聰明人，有聽懂豔文講的話。

緊接著豔文又說：「他們兩位是否有什麼心結我是不知道。但就我經驗，公司的生產與銷售部門之間的產銷協調，是各公司的重要工作。許多公司都特別設立每週 1 次、甚至每天 1 次的產銷會議。我們高強現在有這樣的會議嗎？」

「1 個月 1 次！」

「瞭解。我們團隊之後會整體來看貴公司是否需要更頻繁舉行，再給予建議。」

越志團隊最後謝謝莊協理勇於說出其他人不敢向顧問們說出的話。

至此，越志已完成第一階段內部訪談。晚上回到凱賓斯基飯店後，3 位顧問也在豔文房間邊用餐、邊針對莊協理這一段進行討論。經驗老道的豔文跟成寶兩位顧問都持平看待他的說法，因為產銷協調本來就不容易。但不知為何，Q 覺得茶壺裡有風暴正在醞釀著。

不過，此時全身脫光光，邊放音樂邊躺在浴缸中享受泡澡樂趣的他，是在反思為何經歷過 1 年才參透豔文其實是在訓練自己。「真是錯怪他了！」看著天花板的他，心裡覺得真是不好意思。看來，「不用急著創業了。」他吹著手上的泡泡，也跟自己這麼說。

內部訪談告一段落後，緊接著，越志就請曹副總安排外部訪談，其中當然也包括讓金董睡不著覺的「鳳梨公司」。

| 第四回 |

一流公司想的跟你不一樣

　　內部訪談結束後，越志緊接著進行一連串的工作坊。其中5步驟中的2這個步驟「產業結構與競爭態勢分析」花最多時間。

　　想說都來蘇州了，Q原本想抽空去著名的「寒山寺」一趟的，但專案在如火如荼開展時，連週末都要在飯店打報告，實在是忙到完全沒時間想休閒活動。

　　與之前武抗公司不同，高強公司所處的產業有許多分析報告可以參考。因此團隊在進行產業結構分析時，有非常多的資料可以結合越志策略規劃工具探討。即使有這麼多的次級資料，越志還是設計外部訪談。

　　對於像越志這樣的企管顧問公司而言，不論公司大如高強，還是小如武抗，訪談一直是資料蒐集的重要來源。因為一問一答之間，總是可以獲取許多次級資料沒有的資訊。有經驗的顧問，更可以藉由訪談抽絲剝繭，抓出現象背後的問題；以及從問題中，幫助客戶找到答案。

越志在訪談完了 6 位產業專家後，瞭解更多觸控面板產業價值鏈上下游、未來應用趨勢等資訊。緊接著進行 8 位客戶訪談。越志列出客戶訪談條件給高強，請高強約訪：

1. 既有客戶經理級以上，產品經理、業務、採購皆可。
2. 高強曾試圖開發，但尚未成為客戶者。產品經理、業務、採購皆可。

　　這些背景，不單單只跟高強這家公司購買、談判、互動過，也跟高強的競爭者、供應商，甚至是高強客戶的客戶互動過。連與高強談過案子、但還沒成為客戶的對象也希望可以訪談到。

　　訪談，是一項不容易的工作，外部訪談更是如此，即使是對像黃豔文、呂成寶這樣的資深顧問而言也是。要這些非高強公司的外部經理人侃侃而談自己公司開發產品的流程、談自己公司的客戶，甚至要採購說明當初決定不選高強產品、而去選擇高強競爭對手的理由，談何容易。

　　也就因為不容易，因此從受訪者的條件篩選、邀約訪談文件、訪談大綱等，每一個環節都需拿捏得宜，以讓每一位受訪者在清楚知道目的前提下，面對顧問時可以放心暢談。在對方同意下，顧問會進行錄音，以求資訊彙整時的正確性。

　　一切準備就緒，訪談時，顧問就如剝洋蔥般，一層一層往下問下去。這是很吃經驗的一項工作。本專案主要都是由豔文跟成寶兩位進行訪談，而 Q 負責記錄，也繼續從旁學習訪談技

巧。雖然之前已跟著陳如梅、廖英文跟蘇山學過，但不同顧問，會有不同技巧。

在跟 5 家高強客戶的技術副總、產品經理訪談過，也跟 2 家高強客戶的採購談過，彙整到目前有一項發現：這些大客戶，都最關心高強的「供貨價格」，除了接下來要訪談的鳳梨公司。

鳳梨是一家世界級的品牌公司，旗下 3C 創新產品總是以橫空出世般出現在世人面前。在全球，有一大群死忠粉絲，說它是 3C 產品界第一流公司，不會有人反對。

今天，越志團隊由蘇州來到上海，在著名的金茂大廈 56 樓咖啡廳訪談鳳梨公司的 Mr. Stone。現場環境很好，伴隨著輕柔音樂聲。這優雅的氛圍，讓彼此可以放鬆聊天。

雙方點好餐點、一邊坐下的過程中，成寶邊說：「我個人很喜歡你們的智慧手機，是你們的鐵粉。」Mr. Stone 微笑回答「謝謝。」成寶這招不錯，好的破冰。

接著，豔文就請 Mr. Stone 介紹他的工作內容以及與高強公司的關係。

「我是負責『技術項目管理』，類似專案管理。在我們公司，每一項產品就會有一位負責跟供應商做技術溝通與協助。我就是這個角色，而高強就是我們在觸控面板的供應商。」咖啡廳各桌間距很大，別桌聽不到訪談內容。

「我們聽說你們跟其他公司在管理供應商的作法很不一樣？」

「我們是專業領導專業的公司。」

「怎麼說？」豔文問。

「我的部門，都是觸控面板的專家，我的屬下、主管都是。因此，當我們在內部討論時，大家的語言都是一樣的，不會有外行領導內行的情況。我們也根據此專業，跟供應商討論、合作。」

「何謂外行領導內行？」成寶好奇。

「如一位業務背景的主管來領導我們技術人員就是。鏡頭的部門、晶片的部門，也都有像我這種技術項目管理的角色。在他們部門，上下也都是該領域的技術專家。因此，當我們在面對供應商時，都是相當專業的技術對話。」

「瞭解。」豔文接著問：「那，你跟高強的哪些部門會有互動？」

「主要是研發、製造、品管等部門。畢竟我們是出規格的角色，且通常是世界上最難、最先進的技術，大家在世界上可能都還沒看過的產品。所以我需要時時刻刻關注他們是否有遇到什麼無法突破的門檻。因此，我也常需要引進我們公司的資源到高強，協助他們在研發、生產、品質上可以突破。」

「可否舉個例子？」

「例如之前他們的生產效能、良率無法突破時，我們內部的『工廠自動化部門』，他們知道哪裡有全球工廠自動化的頂尖團隊，我就引進這團隊提供高強建議，以改善工廠自動化，並提升他們的效能及良率。」

成寶：「這很特別，所以你們不只是高強的客戶而已？」

「是的。鳳梨是高強的客戶，同時也是事業夥伴。我們會動用內、外部資源，想方設法解決供應商所遇到的困難。我們將供應商碰到的挑戰視為是自己的挑戰。」

說到這裡，Mr. Stone 喝了一口黑咖啡。目前為止，他還蠻願意聊的。

「針對這部分可以再多分享一些嗎？」成寶繼續挖。

「嗯……，」想了一下後，他說：「我們還會到全球去招募一些在特定技術上領先全球的教授成為我們的顧問或員工。一部份是針對我們公司的發展方向，一部份則是為了協助解決供應商的問題。」

豔文：「所以我可以這麼說嗎？供應商跟鳳梨合作的優點，除了有業績營收、有品牌效應以外，也可以藉由你們的資源大幅提昇自己在研發、生產及品質的管理能力。」

「完全正確！」Mr. Stone 好像找到知音一樣，眼睛睜大、面帶笑容回覆豔文。

Q 感到非常意外。供應商不是應該被壓榨嗎？至少以前在 MBA 修「作業管理」這門課時，讀到許多國際公司都是這樣壓榨台灣代工公司。

自己的大學室友在「有達公司」工作，之前也常聽他說起美商電腦公司是如何壓榨他們公司，他還常在凌晨 2 點接到客戶電話哩！相較而言，鳳梨對供應商的管理模式居然完全不照教科書上的走！

又談了許多問題後，越志問了一個今天訪談中最重要的問

題：「貴公司在選擇供應商時，關心他們哪些屬性與表現？」

「專案管理能力！」

成寶：「還有呢？例如產品價格你們關不關心？」

「專案管理能力！」Mr. Stone 以堅定的眼神再次重複，完全不談價格。

「專案管理代表一切。」Mr. Stone 緊接著說。「以觸控面板為例，很多廠商可以做出這一類的產品，但我們之所以選擇高強，代表他們研發及製造團隊符合我們對品質的高標準以外，另一項重要指標就是專案管理能力強。價格，對我們而言，從來就不是考慮供應商的最重要指標。畢竟，我們賣的產品也不便宜，但客戶就是喜歡！」

越志顧問們覺得很有意思，因為得到了一個跟高強其他客戶完全不一樣的回答。

訪談結束前，越志都會問最後一個問題，這次也不例外：「請問還有什麼要補充的嗎？」

「跟他們合作是愉快的。每次只要我從美國過來，董事長也都會跟我分享他們的技術藍圖，探索後續的合作機會。」

這時咖啡廳播放的音樂是韋瓦第的《四季》小提琴協奏曲。這段話，加上這在《四季》中代表《春》的音樂，刺激了 Q 產生了一個想法。他趕快在紀錄文件上畫一個矩陣，橫軸標上「產品」，縱軸標上「市場客戶」，避免自己忘了。

鳳梨公司真的是太獨特了。對其他客戶而言，價格都是他們最重要的考慮因素，唯獨鳳梨這家公司不是！而且，內部訪

談時高強提到客戶有時看到其他同業產品時，會來問高強能不能做，這基本上是模仿同業。但，鳳梨公司從來不這麼做。最特別的，還是他們對待供應商的模式，是平起平坐的夥伴模式，不是業界常見上對下的壓榨模式。

世界一流公司，果然不一樣！

第五回

事業成長矩陣

在金茂大廈 1 樓與 Mr. Stone 道別後，豔文提議先在上海吃晚餐，再搭車回蘇州。

因為過去這段時間太忙了，團隊 3 人都沒好好吃飯。也想說都一趟來到浦東陸家嘴了，於是豔文就帶成寶跟 Q 到附近高級的西餐廳。從這餐廳望過去，東方明珠塔就在不遠處。

菜單上有肋眼牛排、德國豬腳、豬肋排，是瑪莉會喜歡的那種餐廳。但現在的 Q 一心一意只想著要跟兩位資深顧問討論剛剛靈機一動的想法。

「兩位現在有點時間嗎？」服務生點完一離開，Q 就迫不及待地問。

「我整晚都是你的！」豔文幽默回答，逗得成寶大笑。

「剛剛 Mr. Stone 談到高強董事長會想要跟他討論技術藍圖，」Q 太專注於在想的事情了，完全忽略掉豔文的幽默，繼續說：「加上他們雙方關係這麼密切。我覺得可以將鳳梨納入

高強未來尋找第二曲線的市場客戶中。」

「什麼意思？」成寶問。

「金董說晚上讓他睡不好，是擔心鳳梨這家佔他六成營收的公司轉單，因此想分散風險。我覺得重點是分散『產品的風險』，不是『公司的風險』。也就是，高強可以與鳳梨在智慧手機以外的不同新產品上多出合作機會，重點是找到新應用市場。Mr. Stone 剛剛最後說的話，讓我想到，高強第二曲線的新事業機會，可以是鳳梨公司的新研發產品、新應用市場。」豔文從沒看過 Q 這種表情。

「我們過去這段時間經過內、外部訪談，還有市場情報蒐集後，似乎都將轉型重點放在新客戶上。但鳳梨這家公司的未來產品，也可以是一塊高強轉型的契機。」Q 邊說，邊拿起餐廳的餐巾紙畫了起來。

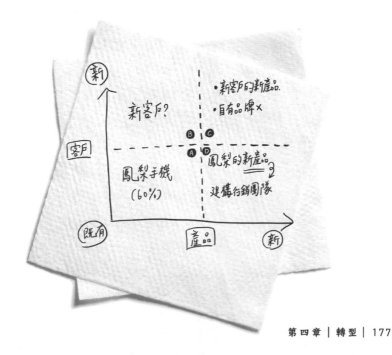

畫完後，繼續說：「你們看，在這個『安索夫矩陣』中，」成寶打斷他的話：「等等，你說什麼矩陣？」

　　「安索夫矩陣，透過新、舊產品跟新、舊市場所構成的 2 × 2 矩陣，來思考未來事業成長策略的工具。不過在這裡我將市場改成客戶，這樣可以比較清楚表達。」成寶是知道這工具的，只不過在實務上是使用「事業成長矩陣」的說法。「瞭解，你繼續說。」

　　「好，」於是 Q 繼續：「首先看 A 區，是指高強以既有的觸控面板服務鳳梨，也就是佔了高強 60% 營收的最大客戶。B 區是高強以既有產品，開拓新的客戶市場。這主要是考驗商務開發的能力，以曹副總的能力，帶出來的團隊沒有問題，因此這部分有機會。但跟製造部蔡副總之間需要好好協調。」

　　水都還來不及喝，他緊接著說：「C 區是新產品賣到新市場去。我們在訪談外部專家時，幾位產業專家跟我們提到如電動車、先進醫療等產業趨勢，是高強有機會可以代工製造的。但高強在該產業的領域知識（domain knowledge）尚未建立，加上客戶還不知道在哪裡，有雙重不確定因素，因此難度比較高。」

　　「在 C 區，發展自有品牌的產品會是選項之一。但根據我們內部訪談一輪下來，高強自己從沒想過。而且攤開組織圖來看，內部也沒有這個專業部門。簡單說，內部沒有這個 DNA。不過，藉由投資或併購外部新創公司，這條路徑還是一條可能的路徑。只是，我們要幫他們設計好內部企業創投 CVC 制度。」

一下子說了這麼說，Q 拿起杯子，喝了一口水。

「嗯，很有意思，你繼續說。」豔文聽得津津有味。

「所以，我想到的轉型重點是 D 區。」

Q 邊看餐巾紙邊說：「D 區代表以新產品服務既有客戶，如鳳梨。」說完後，他抬起頭來看著豔文跟成寶：「舉個例子，哪天鳳梨想做如『霹靂遊俠』那樣的自動駕駛車子，需要先進的觸控螢幕，高強肯定是鳳梨第一家找來討論合作的對象。」

「又例如，產業專家提到的先進醫療也是鳳梨公司可能切入的領域。現在觸控面板需要以手指觸控，但手術室中醫生戴著手套直接操作觸控面板這個未被滿足的需求很明確，也是高強未來服務客戶的機會。」

豔文暗自高興 Q 會從「市場上未被滿足的需求」這個角度，搭配在學校學到的管理知識來思考事情。

「現在重點是高強要怎麼知道自動駕駛車子及手術室觸控面板這樣的需求。」Q 繼續：「當然，在這次專案因為找了越志，我們可以根據內、外部資料分析給予建議。長遠來看，我們可以建議高強**成立一個行銷團隊，研究客戶的客戶。藉由趨勢，來告訴客戶未來可以做什麼產品。**尤其是針對鳳梨這個大客戶。」

豔文心理很高興 Q 可以用「事業成長矩陣」來論述高強的轉型方向。在越志，論述事情的邏輯是能否成為專業顧問重要的能力。

「通常，像鳳梨這樣的國際公司要做什麼新產品，內部已

經有一套很完整的機制。你覺得高強身為供應商，它可以影響到鳳梨公司的新產品立案？」豔文試著挑戰不同看法，想聽聽看這位年輕的顧問有什麼論點。

「能不能影響我不知道。」面對老闆試圖挑戰，Q 毫不畏懼繼續說：「但按照 Mr. Stone 的說法，鳳梨對高強的專案管理能力很肯定，而高強董事長也固定會向 Mr. Stone 分享技術藍圖。也許，有些高強在材料、整合性模組產品的突破，對鳳梨公司而言，可以激盪出從沒想過的新應用可能性。」

突然講太多話了。他停頓了一下，吞了口水後繼續：「而這上游部分的資訊，鳳梨是難以從下游市場端得知的。這些新突破，高強肯定會跟鳳梨說。這有點像是我們在帶工作坊討論時，腦力激盪這個環節總希望可以有很瘋狂、多面向且不受限的想法。高強董事長每次分享技術藍圖對鳳梨也可以起腦力激盪的作用！」

「嗯，這個說法有意思。」豔文點點頭，給予肯定。

看來 Q 還沒講完。「一旦跟鳳梨的新產品合作，鳳梨一家公司雖然佔高強營收比例可能更高，但因為是不同的新產品線，鳳梨也就不容易在短時間內找第二供應商。這樣一來，各產品的佔比就會下降。研發的莊協理也提到，高強一開始研發時，不會考慮到成本，只會考慮做出客戶要的。」

「高強跟鳳梨這兩家在各自領域都是世界級的公司，在新產品開發上配合得很好，不像其他價格敏感度高的客戶。如此一來，在總營收成長的情況下，高強手機產品線在總營收的佔

比會降低，並多出其他不易被取代的產品線。金董擔心的風險也會降低。」Q說得有點急。好不容易將想講的都說得差不多後，喝了一口水。

「畢竟，」然後繼續：「之前聽成寶講過，開發一個新客戶的成本，比維護一個舊客戶的成本要高出好幾倍。所以我才想到D區可以是高強轉型的重點。」

「哦，不錯嘛，你這小子還蠻認真聽我講話的！」成寶舉杯向Q致意，似乎也肯定這位年輕顧問的看法。

聽完Q的論述，黤文心裡相當開心。

他看到一位進越志1年的年輕顧問，已經能夠活用管理工具，提出自己的看法。他鼓勵Q：「這段內容記得放到結案報告中！」

說出心理的看法後，加上黤文跟成寶兩位的肯定口吻，Q有種暢快的感覺，也覺得今晚的黃埔江夜色特別地美。這頓晚餐，他點了德國豬腳，搭配著德國黑啤酒，吃得很痛快！當晚，一行人都在微醺情況下，回到蘇州，繼續探索高強公司的轉型方向。

內部、外部訪談的文字量非常大，加上願望清單中各項質化、量化資料，整體資訊量非常多。越志團隊雖然住在金雞湖畔的凱賓斯基高級飯店，但至今連到湖畔散步的機會都沒有。

他們3人各自在忙。

Q 以當初在台灣時，團隊討論的可能轉型方向及待釐清議題為架構，使用「內容分析法」（Content analysis method）進行產出，將所有資料進行分析以產出第一版越志內部報告。在報告中，他也提出自己的觀察，包含他在餐巾紙上畫出的「事業成長矩陣」論點。

　　內容分析法，是一種客觀且系統性的方法，可以看出一些明顯與暗藏的資訊與趨勢。有經驗的顧問跟沒經驗的顧問，看到的點往往也不一樣。因此，根據第一版的報告，豔文跟成寶也會提供專業意見，Q 據此增修，再完成第二版、第三版報告。報告往返之間，彼此充分且客觀地討論，也會彼此挑戰對方的論點，直到待釐清問題都釐清了，也產出了策略洞見（Strategic insight）為止。

　　而豔文與成寶，則根據最後確認的報告內容，進一步發展後續要帶領高強團隊討論的工作坊教材。此時，進入了「5 步驟策略規劃」中的 3 這個步驟，也就是要決定市場區隔，並選定目標客群。

　　接下來的工作坊，Q 學習最多的是市場區隔這一項。

　　市場區隔，越志是採用「直瀑式區隔法」（Cascaded segmentation）的方式。高強公司的觸控螢幕除了在手機產品領域，未來更可朝醫療、軍工及車輛領域發展。且各應用領域都

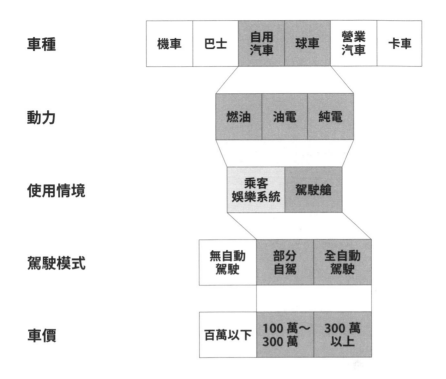

車種	機車	巴士	自用汽車	球車	營業汽車	卡車

動力	燃油	油電	純電

使用情境	乘客娛樂系統	駕駛艙

駕駛模式	無自動駕駛	部分自駕	全自動駕駛

車價	百萬以下	100萬～300萬	300萬以上

還可以進一步細分市場。圖中顯示的，就是針對車輛這領域細分的市場：

　　工作坊帶著大家討論出在車輛這個大市場，有左邊所列的「車種」、「動力」、「使用情境」、「駕駛模式」及「車價」這五項「區隔屬性」。各區隔屬性，也都再進一步討論出區隔市場。再進一步根據內外部的原始資料及次級資料，討論出目標的市場區隔。深灰色代表主要市場，淺灰色代表次要市場。而白色，則不進入此市場。

　　這過程就如行銷上所說的 Segmentation（區隔市場）&

Targeting（選定目標市場）。越志的經驗是，「選擇」是難的。因為市場，可說是「人人有機會，個個沒把握」。

由於高強的觸控螢幕產品是業界最頂尖的，因此在「車種」這個市場上，就只選擇「自用汽車」、「球車」這兩個高值化市場。大家意見最分歧的是「營業汽車」這市場是否要進入，以及在「使用情境」裡的「乘客娛樂系統」是否切入。

每次只要面對這類的膠著，越志就會從「市場大小」、「核心競爭力」及「定位」，將研究資料拿出來，再刺激大家重新思考。雖然市場不小、高強也有能力做，但因為與定位不符合，最後，「營業汽車」這市場就捨棄。但價格百萬以上，自用汽車的「乘客娛樂系統」可以是次要市場。

後續，針對高階醫療、軍工等市場做出市場區隔，並選定目標市場。

根據訪談，幾家既有客戶期望高強公司可以往高階醫療領域發展，因為他們的其他事業部門也急需高強在醫療領域的觸控面板，尤其是應用在特殊環境的手持式裝置上。這部分客戶也曾經向高強的業務提過，當時就是曹副總擔任業務主管時。但內部不只製造部，就連研發部也認為做不出來，於是作罷。

但越志不是來向金董提「什麼不能做」，而是來建議「未來可以轉型做什麼」。因此，根據客戶在醫療領域的期待，越志團隊進一步分析高階醫療手持式市場的 TAM/SAM，發現 SAM 年複合成長率是 22%，大有可為。現階段高強不具有這方面的優勢，甚至不具備醫療器材的領域知識。

但，這塊市場是高度成長，且高強具有相對競爭優勢。畢竟面對鳳梨的要求都做得出來了，同樣對品質及穩定性要求極高的醫療產品，高強絕對比其他公司還要有優勢。缺的，就只有信心，以及進入這市場的商業模式。而這一塊，也是可以透過投資或併購外部新創來達成。

很快的，越志也帶領大家討論出高強在各區隔市場的定位、價值主張。針對價值主張探討出策略總覽、策略行動方案及各部門的行動方案。當各部門的行動方案產出後，所有主管就深切理解到自己部門對公司未來 10 年的願景能有什麼貢獻了。至此，也完成「5 步驟策略規劃」的步驟 4、5 了。當然，也就完成所有策略規劃的內容了。

在各工作坊都完成後，越志就進到彙整結案報告的階段了。

曹副總希望可以先看過內容，再向金董報告。看來曹副總是一位稱職的專案負責人，越志於是在結案會議前 2 天寄給她。

結案前 1 天白天，越志團隊在飯店裡等待曹副總的意見回饋，以做最後修訂。結果一切順利，曹副總完全沒意見！

「總算要順利結案了！」Q 心理想著。台北、台南、蘇州、上海這 4 個地方跑了 4 個月，也有點累了！

| 第六回 |

借刀殺人

　　住在舒適的飯店，是客戶提供給顧問的最好回饋，沒有之一。根據醫學報導，人腦佔一個人整天消耗能量的 25%。五星級飯店，吃得好、睡得好，顧問沒煩惱，也才能專心在客戶的策略上提出最佳解方。

　　身為客戶端的專案負責人，曹副總在專案報告的前一晚為了感謝越志團隊這幾個月來的努力，特別安排了凱賓斯基飯店高檔西餐廳一起用餐。

　　這幾個月不是在高強公司附近簡單吃個飯，要不就是請高強訂便當到會議室。若在飯店，也都是叫 room service，還真是沒有在這家住了這麼久的飯店餐廳用過餐哩！聽說他們的牛排是採用第 6 至 12 根的熟成頂級牛肋排，一想到鮮嫩多汁的美味牛排，加上隔天就是辛苦了 4 個月的結案報告，Q 整個人心情都放鬆了起來！「這才是傳說中企管顧問應該要有的生活嘛！」他在心中這樣跟自己說著。

在餐廳等曹副總的同時，3 人飲著氣泡水。豔文一向很會講笑話，在這等待的時間也分享以前幾個專案的糗事，有些是發生在客戶端，有些是發生在他自己身上。

　　其中一件是家中的事。「我太太能力很好，只是個性有點急就是了。」喝了一口氣泡水後繼續：「有多急呢？有時候我倆從台北開車回她嘉義娘家，她會嫌我開車太慢，她要開。要開也就算了，嘉義才要下交流道，她在台中就打方向燈了！」Q 聽到這段笑到一個不行，眼淚都流出來了！

　　他是一位很會自娛娛人的老闆。Q 自從瞭解了豔文對自己的用心後，就認定他是一位值得跟一輩子的學習榜樣，毫無懸念。

　　聊著笑著，曹副總從餐廳門口走了過來。

　　Q 坐在豔文跟成寶對面、斜眼可看到餐廳入口的位置。曹副總一走進來，就立刻吸引 Q 的目光。與平常長褲、平底鞋、素顏的裝扮不同。今晚的她，穿著黑色深 V 蕾絲針織衫、米色格子短裙、紅色細跟高跟鞋，明顯是有擦口紅，也放下了長髮。

　　一看到她，Q 就站起來歡迎，豔文跟成寶見狀也起身並轉頭歡迎。豔文看起來很淡定，而成寶，則明顯被驚豔到。曹副總露出她那短裙下高挑白皙的雙腿，很難不引起男人遐想。現場許多人在曹副總這段 20 公尺的路程，也盯著她看。今晚的曹副總，是整間餐廳的亮麗明珠。

　　不知道是否太性感了，她連講話也與平常不一樣，變得比較溫柔：「3 位顧問，抱歉。我遲到了！」

「沒關係、沒關係，我們也才剛到！」成寶說。其實，他們 3 人已經聊了 20 分鐘。

　　大夥兒都點完餐後，曹副總也幫大家再加點了 Moët et Chandon 香檳酒。

　　「來，舉杯，謝謝黃顧問、呂顧問跟游顧問你們幾個月來這麼努力幫我們尋找轉型方向！」4 杯香檳杯碰在一起的清脆音，加上淡黃色香檳裡往上串浮的嘶嘶氣泡聲，以及曹副總的事業線及美腿。「天啊，這些日子以來的辛苦，都值得了！」Q 心裡想著。過去幾個月沒有陪到瑪莉的時光，也先不去想了！

　　還不只如此。這牛排，應該是 Q 這輩子以來吃過最好吃的了。剛好的 3 分熟，鮮嫩多汁，搭配紅酒，這一頓真是沒話說。感謝曹副總！

　　席間，豔文一樣幽默，逗得全桌開心地笑。成寶則時不時稱讚曹副總年輕有為，這麼年輕就已經擔任這家公司副總。就在一次成寶誇讚時，曹副總接著說：「呂顧問你見笑了，小女子要跟你們顧問學的還不少。經過這幾個月的專案，金董跟我也發現高階主管們在管理上要精進的還有很多呢！」想不到曹副總是一位身段這麼軟的女子。Q 之前對她的冷酷印象，真是誤會她了。

　　「不要這麼說。」成寶說。「大家在各自領域專精。在觸控面板領域，也沒人比你們強啊！你們個個都是人才！」他真的很懂得怎麼捧客戶。

　　「說到人才，我們公司即將有第二成長曲線，也開始要轉

型了。顧問是否觀察到有主管跟不上公司的成長？」正在埋頭享用最後幾口牛肉的 Q 感覺這問題怪怪的。

「什麼意思？」豔文問。

「你們在訪談製造部蔡副總時，有沒有發現他跟其他一階主管都不一樣？」

「怎麼說？」

「我就直說了。製造部的蔡副總，從公司草創到現在，很有貢獻。」曹副總說：「但隨著公司要跨入到不同領域，我個人覺得需要有更好學經歷、更開放心胸的高階主管。我看過各位顧問明天即將提出的結案報告，我們轉型的方向未來會卡在蔡副總那個單位，難以前進。」聽到這裡，Q 覺得她講話太直接了。想不到，還沒結束。

她繼續說：「根據我在公司多年與他共事經驗，他會有各種理由反對我們接新產品。簡單來說，他就是一位不想進步的主管，他也是該部門的天花板。因此，我希望顧問可以跟我們董事長說，蔡副總不適任。」她以異常平緩的語氣說出這驚天的一段話！

聽到這一段，Q 在嘴巴中咀嚼的這口牛排吞得特別費力。高級瓷盤上還剩下一塊牛肉，但他似乎被這冷凝的空氣給凍住了，沒有繼續叉起這塊最後的牛肉。

雖然這是高雅的西餐廳，但其他桌說話的音量突然間都變得非常大聲，只有這桌異常安靜。很尷尬，至少他自己這麼覺得。他想看豔文跟成寶會怎麼接話。

看來成寶不打算回話，只是苦笑，轉頭看著豔文。

豔文聽到這段話後，將右手拇指托住下巴，食指放在鼻下人中處做思考狀。大約 15 秒後，他深吸一口氣，點頭嚴肅地說：「嗯，我知道了！」

之後，豔文轉移話題。並在最後代表越志團隊謝謝曹副總在專案期間的各項協助，尤其是準備這麼好的住宿環境。之後，就以紅酒乾杯作為今晚的結尾。

因為太勁爆了，一開房間門，將全身衣物直接脫掉後，Q整個人裸身直接泡進放好熱水的浴缸裡。這已經遠遠超過他在MBA 期間學習到的任何一項管理知識了。還好，現場有兩位資深顧問在。不對，應該說，還好有豔文在。如果只有他自己一個人，肯定完全無法接話。

此時的他，將兩腳大字形翹在浴缸上，兩手托著頭，看著天花板呈現發呆狀。開啟旁邊音樂旋鈕，邊聽輕柔水晶音樂，邊思索晚餐最後曹副總那一段話。沉澱心情，也試圖理出一個頭緒。

一段時間後，他想通了。

研發部莊協理之前提到曹、蔡兩人經常在會議中吵起來，這兩人彼此不對盤。曹副總在訪談時提到「淘汰無法跟著公司成長的人」，是否就是醞釀這個氛圍，想要借由顧問的嘴巴，讓董事長對蔡副總產生不佳的評價，好讓他離開這家公司？

會不會每次在跟金董會議時，曹副總也在觀察金董對越志團隊的信任感。時機成熟，因此利用今晚精心打扮，也趁大

家酒酣之際想要卸下越志顧問們的心防，取得顧問們的口頭承諾？

「天啊，這也太有心機了吧！」Q 突然覺得有種中了圈套的感覺。

在蘇州的最後一晚，還是一如往常，在睡前打了電話給瑪莉。瑪莉在電話中很高興 Q 在隔天就會飛回台灣。掛上電話前，瑪莉特別說：「親愛的，想你喔！希望可以趕快跟你抱抱。」

「我也是。」但此時他心理卻忐忑不安。

隔天早上 9 點 20 分，一上了出租車在前往高強的路上，豔文照樣很溫暖地問候兩位昨晚睡得如何。成寶說「還不錯！」Q 則回答：「有點太晚睡了。」最後他還是按耐不住問了豔文：「曹副總昨天這麼說，請問豔文等一下打算怎麼跟金董講這件事情？」Q 現在有點擔心蔡副總會不會被奸人所害。

「就見招拆招囉！」之後豔文跟成寶兩人就呵呵地笑了出來。Q 心想，你們兩位怎麼還笑得出來！

10 點，結案報告準時開始。當初起始會議的所有成員也都在場，當然也包含曹副總及蔡副總。曹副總完全恢復之前的冷酷樣子，好像昨晚的事情都沒發生過一樣。而蔡副總，則是不知道大難即將臨頭，還是一如往常的憨厚樣。

整場報告完整提出高強公司的願景、使命、未來 10 年轉型目標，以及各部門對應的策略方針。

在越志提出的各項轉型建議中，與高強公司過往營運最不一樣的一項建議是，在內部成立一個「高強加速器」，協助新

創公司加速成長。

為何要協助別家公司，而且是失敗率極高的新創公司發展？越志在簡報中提到有以下幾點原因：

1. 投資新創。在醫療、軍工及車輛等未來重點發展領域，由於高強並不具備產業知識及人脈，與其自己發展，可考慮成立一個具有投資功能的加速器，投資新創。這功能，就是所謂的「企業創投」（Corporate Venture Capital，CVC）。因為許多新創擁有極佳的技術，但發展到某一階段缺乏資金、市場拓展資源。若這時高強投入資金，將有助於新創將該技術朝商品化發展。若適合，後續可進行併購。

2. 建立生態圈。由加速器整合高強各事業發展功能別主管，提供新創需要的管理知識。除了內部，也可與外部專業顧問合作以增加多元化業師。越志也允諾在這部分可提供協助。結合 1 跟 2，高強也將逐步建立在醫療、軍工及車輛等未來重點發展領域的生態圈。

3. 開拓市場。高強內部事業單位與新創就醫療、軍工及車輛等重點領域共同開拓新市場，積極建立公司第二、甚至是第三成長曲線。在這部分，高強在績效考核上，可以設立「與新創合作」的質化與量化指標。如此一來，將讓事業負責人願意跨出去跟新創合作。

「高強加速器要成功，負責人應該要有什麼條件？」針對此建議，金董問道。

「幾個條件。1、熟知高強內部各事業單位運作，並可跟各事業單位負責人直接對話者；2、負責過事業 P&L（盈虧）者；3、瞭解新創圈，或新創網絡豐富。第 3 個條件目的是讓高強有源源不絕的新創公司可供評估與合作。」豔文帶著笑容回答。

「1、2 沒問題。但 3 這個條件，高強內部恐怕沒這樣人選。」

「那我會建議金董可以派一位內部的人選當加速器的頭，搭配一位外找且符合條件 3 的人。他們倆共同合作。」

成立加速器這個建議對高強而言非常新鮮，金董表示這的確是個可以嘗試的轉型模式之一。

整體而言，金董相當滿意專案整體的產出，也說公司會投入必要的資源給各部門，並鼓勵主管將今天的產出帶回去跟部屬溝通。「公司上下充分理解，動起來比較快，也比較有機會產出我們公司的第二成長曲線！」看得出來金董晚上可以睡得比較好了。

部分主管看起來很期待後續，Q 特別注意的 2 位副總則沒有特別表情，踢爆高層鬥爭的研發部莊協理也是一副撲克臉。「曹副總講得也許沒錯，蔡副總的能力及態度也許不適合高強的未來。但越志就這樣砍掉一位高階主管，好像也不大對。」他心裡思忖著。

報告結束後，豔文走過去在金董耳邊說了點話後。金董向大家說：「大家就回去各自忙，我跟黃董再聊一下。」說罷，

豔文以眼神示意成寶也將 Q 帶離現場。會議室就只剩下金董跟豔文兩人在內，不知道談了什麼。

10 分鐘後，金董送 3 位顧問到大門口。專案正式結束，金董跟曹副總在大門目送越志顧問坐車前往機場。

「師傅，請先送我們到金雞湖李公堤。」豔文跟司機說。距離飛機起飛還有 4 小時，豔文提議來走一下這 4 個月沒好好走走的金雞湖。

一到金雞湖畔，豔文請師傅在原地等他們。師傅將車子熄火後，一行人穿好外套，就往李公堤方向散步過去。今天蘇州溫度只有 4 度，嘴裡可以呼出濃霧的那種天氣。今年入冬似乎比較快。

成寶知道豔文要做什麼，示意他自己在這附近走走。

「這次高強的案子很順利，不論是一開始從各國際顧問公司中拿下本案、專案期間的溝通、到最後提供給客戶的策略建議，你的貢獻很多。謝謝你的努力。」豔文邊走邊說。

「沒有啦，應該的。」這段鼓勵若是在其他時間點，Q 會非常開心。但現在的他，心還沒放開。

「看你從昨晚曹副總要我們跟金董說的那一段話後，就一直心神不寧。你一定很好奇我怎麼跟金董說的吧？」豔文對 Q 很少這麼直接的。

一聽豔文主動提及，Q 等不及了，「對。」

「我們專案的目的是什麼？」豔文微笑看著 Q。

「協助高強找出 10 年後的轉型方向。」

「你覺得我們做到了沒有？」

「有。」

「那就對啦！」豔文好像已經說出答案了，但 Q 還是不懂。

「可是你昨晚回覆曹副總說『我知道了』，不就代表你會這樣跟金董說嗎？」受不了豔文慢郎中的個性，Q 直接問了。

豔文笑了出來：「『我知道了』，代表的是『我聽到妳說的了』。」看這位直率的年輕顧問還是不懂，他繼續說：「她是聰明人，知道我的意思。我沒有答應她會講，也沒有說我不講。」

「不是，所以，你到底有沒有跟金董說？」Q 不耐煩了，也快抓狂了。

「當然沒有講。」豔文微笑說出這五個字。

「呼……。」Q 心中一塊大石頭總算放下了。但也好奇豔文跟金董兩人在會議室談什麼。

「我是跟他說，這次轉型的方向不小，內部的溝通很重要。我教他一些小撇步，可以在什麼場合跟大家講什麼話，激勵大家一起往前。」

雖然豔文沒有講，但 Q 也會從另一個角度思考：「那你不擔心曹副總說的是實情？蔡副總可能不適任？會阻礙轉型的進行？」

「你覺得，客戶為何需要越志？」豔文不直接回答，反而

想趁著這個案例，教導這位年輕人。

「我想是因為我們有管理專業，而且很實務吧！就像金董第一次見到我們所說的。」

「而且，我們是客觀的第三方！」豔文補充。「我們在面對每一段訪談、每一項資訊，都需要問『為～什～麼？』」豔文刻意放慢所講出的這三個字，所吐出的霧特別濃厚。

「為什麼曹副總要跟我們說蔡副總不適任？還記得在一對一訪談金董時他提到，現在他是董事長兼總經理，期望在未來 5 年內，將總經理這個位置交給有能力的人？」

「記得，他的確有這麼說。」

「我們不知道金董是否有公開這樣的訊息給內部，但曹副總身為金董身旁的高階幕僚，應該知情。」

「同意。」

「有沒有一種可能，曹副總想要爭取總經理這個位置，開始精心佈局。製造部蔡副總在公司年資最久，也深獲金董信任，曹副總將他視為最大的競爭對手。因此想透過我們借刀殺人！」

「不會吧！」Q 的頭往後縮了一下，驚訝冒出這三個字。常聽媒體報導企業間高層鬥爭，但自己經手的專案會碰到這情況？

「你進公司時的新人訓練不是有提到：越志的檔案，不給 power point 檔，都要以 PDF 檔案提供？還記得嗎？」

「當然！」

「原因就是，一份有越志 logo 的報告提交出去，就代表是

我們的正式建議。如果有心人士拿到我們的 powerpoint 檔，加上自己意思的文字，卻說是越志的建議，你可以想像那後果。」

「原來如此！」

「回到蔡副總是否不專業這議題。金董信任我們，是基於我們的專業；而我們的專業，是基於事實的客觀分析。要我說出蔡副總不適任，我說不出口，也不應該說的。相對於其他主管，蔡副總學歷的確不高，台風也不穩，但這並不影響他身為製造部副總的專業。金董為何會升他為副總？一定有他的理由！」

最後，豔文補上一句：「年輕人，企管顧問不單純在處理『事』，也常在處理『人』的議題。我們這行業，是 people business！」

最後拍拍 Q 的肩膀：「走吧，該出發去機場了！」

歷經這兩天的波折，Q 更加看透人性了。「金董知道他底下的愛將，會來這一招嗎？」他在飛回台灣的班機上想著。

這 4 個月兩岸間飛了不少次，機上用完餐後，Q 通常會睡覺。但今天從虹橋機場起飛後，也不知道是因為最後一次要飛回台灣的捨不得，還是稍早跟豔文之間的對話內容還在腦中迴繞。總之，就是睡不著。

身旁的乘客都睡著了。在跟空姐要了一杯可樂後，看著窗外沉思。不一會兒，他抬手按了開關，點著小燈，記錄下這個他一輩子也忘不了的專案內容及反思重點。

1. 豔文為了讓我可以在思考過後，提出想法再跟他討論，而在過去一年用了這種「不給答案」、卻也讓我不明所以的方法溝通。還好我有被點醒。哪天我當了主管，會怎樣跟同事溝通？有最好的溝通模式嗎？

2. 高強公司的生產效能、良率無法突破時，身為客戶的鳳梨公司引進資源免費給供應商建議，幫助供應商提升工廠良率。鳳梨公司為何要增加自己成本幫助供應商做這樣的工作？其他客戶為何不這樣幫助供應商？

3. 新創公司會想找大公司募資，大公司有時也想投資或併購小型＆新創公司。從新創角度，有什麼方法可以找到適合自己的大公司進行募資？反過來，大公司有什麼其他方法可以找到適合第二曲線發展的新創或中小企業？

4. 這次高強轉型是個大工程，而越志是扮演找出轉型方向的角色。其他有轉型需求的公司，如果沒有外部顧問公司幫忙，是怎麼找出轉型方向的呢？

第五章 創新的生意模式

張力：

「公司暫停營運後，大家是無法一起打拼。但，我們的心都還是在一起！」

第一回

內部創業

　　新創公司做生意的方式常常改變。有些，是整家公司的商業模式改變，有些，則是增加一個商業模式，作為公司新的業務機會。對越志而言，是在公司成立大約 10 年後，增加了一個新的業務模式，稱為「約見」。

　　時間飛逝，高強轉型專案距今已過了 5 年。前一陣子，公司才在星級飯店辦了一場名為《十歲，拾穗》的活動，慶祝公司 10 週年。讓客戶知道，越志未來將持續以米勒《拾穗》畫中農婦彎腰的謙卑精神繼續服務客戶。

　　活動當晚，豔文看著一張以台灣為中心的世界地圖，心裡想著：「從西邊的英國到東邊的美國、由北半球的俄羅斯到南半球的巴西，都有團隊服務客戶的足跡，我已經達成當初公司取名越志『全球』顧問的願景了。後續可要好好來栽培『他』了！」

　　10 年來，越志在「商業模式」、「商業計劃書」、「轉型」、

「業績成長」及「國際化」等管理議題上服務客戶，累積超過100家中大型客戶，其中上市櫃公司超過20家。客戶產業也非常多元，除了資通訊產業以外，也包含生技、醫療、半導體、旅遊、金控集團、汽車、民生消費品等農林漁業、製造、服務產業。

特別的是，公司居然也曾經跟慈濟聊過管理，Q也因此跟證嚴法師同桌用餐過。只是那頓餐點，他正襟危坐，吃得很拘謹就是了。另外有意思的是，有服務過的客戶成為行政院長；也有反過來，擔任過行政院長後，至企業擔任董事長而成為越志客戶的。

這期間，新創公司的客戶逐漸增多，有些是政府補助的育成中心或加速器委託，有些是新創公司直接委託。因此，越志顧問團隊也開始在新創生態系發揮影響力，與創意、創新跟創業領域的業者接觸越來越頻繁。

聽豔文說，他一位至親表哥是脊髓損傷患者，臨終前，囑託運用他的社會影響力協助傷友。豔文於是也開始出錢出力，並發揮管理長才，協助傷友公司設計出服務企業的商業模式，例如「代聘代管」。企業只要提供薪資保險，傷友公司可以負責招募、訓練傷友人才並進行工作管理。「這模式太酷了，這基本上就是全球很夯的人力外包模式。而且，傷友的定力跟認真度，還比較高哩！」Q在一次聽豔文說起時回應著。

因為認同老闆理念，Q之後在便利商店消費會提供愛心碼「1050」，將電子發票捐贈給脊髓損傷協會。希望這小小的幫忙，

可協助傷友在生活重建及職業訓練後回歸正常生活。

隨著公司的影響力越來越大，越志也成為商學院、管理學院畢業生嚮往的工作之一。此外，AIESEC 國際經濟商管學生會也開始有人申請來越志實習，包含台灣會長、巴西會長及新加坡會長。實習結束，有些待在越志，有些則進入不同行業，繼續他們發光發熱的職業生涯。越志的實習生後續發展都很好，有人擔任 Google 經理、有人擔任新加坡經濟發展局主管，也有人擔任 Burger King 亞洲區總經理。其中，也有人選擇繼續留在越志，洪仙蒂就是其中一位。

營運上，公司也做了大幅調整。由於同仁都非常自動自發，也都有各自的專案，老闆觀察顧問同仁們常需要一個安靜的環境仔細消化、閱讀以準備專案資料，有時候同仁會請假在家，就為了準備專案內容，加上線上會議軟體的成熟發展、小蘋好幾次跟老闆說想退休等。綜合這些因素，跟大家討論後，改成「在家上班」，並以商務辦公室作為開會場所，或是線上開會。

這樣一來，越志的行政工作都外包了，接聽電話的秘書、處理帳務的會計等，整體營運更為輕盈。Q 蠻喜歡這個管理上的創意轉變。

除了公司營運轉變，Q 進越志 7 年來，也從直率的年輕人，逐漸蛻變為成熟且更加內斂的專業顧問。老闆希望他在執行客戶專案之餘，可以有更宏觀的視野。於是幫他訂了財經報紙，要他養成每天讀取重要財經消息的習慣。同時，每週安排一次一對一親自指導，也帶他參與許多重要場合。不少政府部會首

長，都是他跟隨拜訪過的官員。豔文擔任理事的玉山科技協會及擔任董事的商業發展研究院，也會指派 Q 代表他參與。

7 年間，Q 執行許多大大小小專案，忙得不可開交，這段期間的高度學習讓他在企管顧問角色更上一層。他曾經執行過半導體公司營運效能提升案、網通公司美國市場進入策略案、資訊公司併購荷蘭管理整合案、軟體公司東南亞市場進入策略案等大型跨國專案。在新創領域，也經常有育成中心、加速器等協助新創公司發展的單位，邀請他提供諮詢服務。因為這些經歷，這天，Q 約豔文聊了他最近的一些觀察。

「最近我有個發現，」Q 先起了頭。「來自於學校及法人機構的新創諮詢需求越來越多，政府各部會也如火如荼推出各項政策，扶植新創發展。甚至連『經濟部中小企業處』，也即將改名為『經濟部中小及新創企業署』，勢必會有更多資源投入新創領域。」

「綜合所有資訊，主要是三項資源：『輔導』、『網絡』及『資金』。最近來邀請我的，都是看上越志在輔導及網絡這兩項的資源。我在想，我們公司是否可以系統性地思考這個市場需求。」

「嗯，我也有觀察到這現象。你現在有什麼想法嗎？」

自從由高強金董無意間的一席話提點了之後，他現在跟老闆開會，就一定會帶著想法而來。

「我們現在的商業模式是 B2B，主要服務中大型企業，每個專案執行時間大約都落在 3 到 6 個月之間，處理的內容很複

雜，例如高強的專案就是。新創比較不一樣，有些當然是需要
提供長時間的諮詢服務，這部分我有發展出一套『陪伴式諮詢』
的架構。這部分我想找一天跟你分享，也許可以成為培訓新顧
問的內容。」當 Q 說到這裡時，豔文心裡很高興這位中生代顧
問已經可以開發出新方法。

然後 Q 繼續說：「但有些新創的問題，卻只需要一次 2 小
時的談話，就可以解決。這是今天想跟你聊的部分。」

「好啊。你看到的這類問題有哪些？」

Q 起身在白板邊說邊寫下觀察。「例如，該如何選擇市場？
例如，如何招募與面試一位業務？另外一個常見的，是在募資
時，BP 架構應該有什麼內容？」然後轉身：「問的都是實務經
驗與作法。」說完，就坐下來。

「真巧，」豔文說，「近幾年常有朋友要請我吃飯、喝咖啡。
其實，他們都是帶著管理問題來跟我談。」

「說到這個，」Q 繼續補充：「我前幾年跟著如梅、英文、
蘇山這幾位顧問執行大專案時，客戶在午餐時間也常會拿出與
專案無關的管理問題請教他們。我還不是很確定是否有足夠多
的剛需，但我有在想越志是否可以做點什麼，來服務這群人？」

兩人看著白板上的文字，思索一陣子後，「來吧，我們來
試算這類需求有多大。」換成豔文站起來了。

「按照剛剛討論，我們假設有這類需求的是，」邊說邊寫
下：「台灣的中小企業及新創公司，約 160 萬家。其中成立 5
年以內的新創大約是 30%，所以是 48 萬家。」豔文擔任經濟部

許多局處的計劃委員，信手拈來都是數字。之後他轉過身問：「你的經驗，新創公司 1 年願意付費問幾次問題？」

「嗯……這個要看我們怎麼訂價。如果是免費的，1 年大概可以問 100 個問題吧！」說得豔文呵呵笑。

「我們現在在思考的，類似律師的一次性諮詢。」豔文繼續說：「一般常見的諮詢費落在 4,000 元到 6,000 元之間，抓 5,000。律師業是個成熟行業，但個人付費諮詢管理顧問還不是。使用律師，常是剛性需求，而管理問題對有些人是 nice to have。我們訂價上，需要低 些。如果抓 1 小時 3,000 元？」

「嗯……，同意，需要比律師費稍低。但我還真是不知道 3,000 元對一位創業家而言，是個什麼概念。也許……就是少吃一頓情人節大餐，換來一個寶貴的建議？」雖然 Q 已經常提供諮詢服務給新創，但都是政府買單，不是新創公司自己付費。因此對新創自己從口袋掏錢出來的可接受範圍還抓不準。

「沒關係，」豔文繼續：「總是要先有個假設才能繼續，就先假設一次諮詢是 3,000 元。而這 5 年內的 48 萬家公司創辦人 1 年諮詢 2 次。這樣一來，這項服務 1 年的可觸及市場規模 SAM 就會是：48 萬元乘以 2，再乘以 3,000，就是 28.8 億元新台幣。」越志教人家計算市場規模，自己也是以同樣方式計算。

「哇，」Q 眼睛為之一亮，他在來找豔文討論時，只是想提出一個觀察。想不到會搞出一個市場，而且這個可觸及的市場，居然這麼大！

「剛好，這陣子共享經濟的商業模式在全球各地展開，有

些甚至還發展成獨角獸企業,如 Airbnb、UBER。你知道我兒子 Jack 在經營電商,我們曾經聊過越志顧問群是否有機會以電商模式,貢獻專案以外的時間。我想,透過你的觀察,還有我們剛剛的試算,」接下來豔文說出一個 Q 從來沒思考過的議題:「現在差不多是我們內部創業的時候了。」

「內部創業?」

「我們在教人家創業,自己也可以來試試看啊!」豔文有意抓緊機會,增加 Q 的管理板凳深度。

「試試看?」他心裡跳出這段話:「豔文老大,你會不會講得太輕鬆了點?」一直以來,豔文都是個有創意的老闆。他不想潑豔文冷水,但又覺得應該要說點什麼。

於是說:「如果是以電商模式,那代表我們要投資不少吧?成本會不會太高了?」越志的經營模式是讓員工每一季都知道公司的管理報表,因此 Q 瞭解公司財務狀況,覺得這筆支出過大,應該要加重語氣提醒老闆。

「就如電影《魔球》經典名言:『We've got to think differently!』我們需要想點不一樣的!」因為父親是台電棒球教練,豔文一直很喜歡這部電影。在跟同事談話時,也經常會引用這句話。尤其是他知道 Q 有在打壘球。

的確,就如《魔球》電影中描述的主角奧克蘭運動家隊面對邪惡帝國紐約洋基隊一樣,越志雖然 10 年了,規模完全不能跟大家朗朗上口的顧問公司比。也因此,豔文常鼓勵大家要有創新的思維。

「你要拼是吧？」Q心裡想：「反正你是老闆，你都不怕了，我也跟你一起拼了！」才剛想到這裡，豔文又說話了。

「我覺得這個服務可以做，我們姑且先稱為『約見』。2週後是董事會，你回去想想看我們怎麼跟董事會溝通。錢的部分你就不需擔心，我再來跟董事們談增資。」

在經過與Jack的密集討論，整合越志原本具備的「顧問實務」，及「電子商務便利性＆即時性」特點，2週後，Q在董事會上提出了「約見」服務的價值主張：

針對期望在2小時內看到管理成效的客戶，

我們提供隨時、隨地付費諮詢服務。

與EMBA及大型顧問案不同的是，

約見具備實務性，

且可讓客戶立即解決商務問題。

就這樣，董事會通過了這項投資。6個月後，約見平台正式上線，在內部定位為一項新事業。

不只是對越志，對台灣的企管顧問業而言，這也是一項從沒看過的嶄新服務。這項服務就像企管顧問業的「長尾」，相對於傳統顧問業經常處理的大專案，這項服務專門解決2小時內的「小請教」。這項約見服務還打破了傳統企管顧問業的作法：價格透明。一上線，平台有25位專家顧問，其中還包含了創投、律師及會計師。基本上，創業會碰到的實務問題中，90%

在約見平台上都有專家可以幫忙解決了。

會議上，Q 問了老闆一個問題：「這個約見事業最後的發展，會如武抗團隊從台灣尖端研究院拆分一樣，也從越志拆分出去？」

「邊走邊看吧。」豔文回答：「就像許多創業一樣，後續使用人數是否如我們所想像的那麼多？市場大到可以支撐得了一家新公司的產生？我們還要再觀察。」話鋒一轉，「但我希望你是當作自己創業般在營運這個新事業。」於是，他就一肩扛起了約見事業的發展。

10 年前與創業擦身而過的 Q，居然就這樣開啟了他的內部創業之旅。興奮之際，他也在擔心：「以後朋友們不會以為要付費給我，才能找我聊天吧？！」

‖ 第二回 ‖

賣公司

　　約見平台成立後，使用者來自各行各業。有大學教授，為了瞭解專利價值，約見了智慧財產專家。有二手車的老闆，為了展店的店名，約見了品牌專家。有劇團總監，為了梳理公司帳務，以方便投資者入股，約見了會計師。上線 3 個月以來，最多使用者是創業家。這跟 Q 當初的觀察很吻合。

　　其中一位創業家，是平台一上線就立刻約見了 Q。

　　「你知道嗎？我覺得你們這個平台早就該要有了！」這位皮膚黝黑的張力說：「我等很久了！」

　　「怎麼說？」英雄所見略同，Q 聽到這段話很是高興。但也好奇他的理由。

　　「創業家很辛苦，今天碰到政府補助案申請問題，明天又會碰到業務問題。過兩天，又會有人才問題。總之，」張力講話大聲，是一位直爽的人。「問題層出不窮啦。」

　　他滔滔不絕繼續說：「我創業圈朋友很多，是有可以請教

的啦。但是，也不好意思一直吃人家豆腐，畢竟人家也不會收我錢。」原來他之前成功在矽谷創過通訊公司，並成功賣給了當地大公司。這次在台灣創業，有點水土不服，碰到一些問題。接著繼續說：「有你們這個約見，付個 3,000 元，卻可以解決我心中的難題，很值得！」

「謝謝你的推崇。」Q 是可以跟他聊很久，但這次約見只有 1 個半小時，不想浪費對方時間，於是很快就切入：「請問你在約見平台上提到公司只剩 4 個月的營運資金，是什麼情況？」當使用者約見一位專家前，需要先簡單說明自己的問題。

「我們公司是做 AI 的，技術領先同業，也有跟美國卡內基美隆大學合作。我偶爾甚至會接受國際市場調查公司訪談這一塊技術的未來趨勢。」之後打開筆電，向 Q 介紹了 20 分鐘，可以感覺得到他很自豪於團隊的技術。

接著繼續說：「幾年下來，分別有幾個不同產業來找我們合作，但遲遲找不到可獲利的商業模式。」談到這裡，他略顯失落。接著說：「公司準備要收了。現在公司的營運資金只剩下 4 個月，而且是在我不支薪的情況下。」

Q 有點意外，又不會太意外。意外的是，第一次有創業家這麼清楚跟他說公司要收了，還明確說明剩下幾個月資金。不意外的是，有經驗的創業家，會設停損點。張力就屬這一型。

「所以，」Q 知道張力不是來交朋友、分享創業故事的。「你今天約見我要談的是？」

「呵呵，」他有點不好意思，「我是看你們公司網站，感

覺業界人脈很豐富。我是想將公司賣掉啦！想向你請教在台灣是否有這個可能性。」張力很多時間是在美國加州，自己覺得對台灣產業界沒有越志熟悉。

然後說：「不過你不用擔心，我清楚知道這過程要花你們不少時間，我願意支付顧問費的。」的確，他有過賣公司的經驗，很清楚知道這過程。不過他話還沒講完：「只是，看能不能到時候以獎金來代替顧問費。畢竟現在公司剩下的錢是要預留來支付遣散費的。」

「我勒……」Q 心裡 OS。但還是從嘴巴說了：「這樣的合作模式過往從沒有過，我需要跟老闆討論看看。但回到今天約見，你問我在台灣是否有這可能性，」在他腦海中，立刻浮現一家在台灣不算小的系統整合公司。「我可以現在回答你：有。」這家公司是越志多年來的客戶，因為導入策略規劃專案，知道老闆這幾年一直想要併購成長。

之後，在豔文同意下，越志就正式跟張力公司簽訂合約，朝賣公司方向進行。而且，就鎖定這家系統整合商。在 Q 跟系統整合商的總經理直接聯繫、說明目的後，總經理很謝謝越志幫忙找到併購機會，也安排投資經理跟張力談。

一開始，相當順利。研發部門評估張力團隊的技術相當好，可以大大縮短自己開發的時間，且幾個事業群評估後，也有機會可以整合張力團隊的 AI 技術，推廣到市場上並提供客戶更多元的組合，創造更高的營收。

但最後結果是失敗。原因是，系統整合商只要張力公司的

兩項內容：第一，智慧財產權；第二，8 人團隊中的 2 人。智慧財產權當然不是問題，但在人員方面，張力堅持，要併購，就要整個團隊一起買。因為這個堅持，最後併購不成，張力公司就停止營運。

雖然「賣公司專案」以失敗告終，但 Q 跟張力後來也成為好朋友，偶爾會一起喝咖啡、聊是非。在一次張力找他喝咖啡時，Q 問道：「為何當初堅持一定要 8 個人都併過去你才接受？」

張力：「我們 8 個人基本上就已經有革命情感了。只有 2 個人過去，而且其中一個還是我，那怎麼像話勒？身為公司創辦人，這我不就背叛大家了！」

「但如此一來，大家不也都是沒工作了？」

「沒錯，**公司暫停營運後，大家是無法一起打拼。但，**」他說出了讓 Q 難忘的一句話：「**我們的心都還是在一起！**」

| 第三回 |

軸轉

　　張力之後，緊接著來了一家做太陽能科技的公司，是透過 X 軸加速器來約見 Q。X 軸加速器是台灣最早的新創加速器之一，加速器常見的營運模式是向政府爭取預算，輔導新創公司。一般加速器的輔導業師有限，因此，當初知道越志有了這項新服務後，就開始透過此服務，約見平台上的專家。今天，也約見了 Q。換句話說，今天的約見，是由 X 軸加速器付費的。

　　「來吧，」交換完名片、介紹完彼此名字後，Q 就開場：「有什麼是我可以幫上忙的？」

　　「是這樣的。」擁有博士學位、戴著厚眼鏡有學者樣的廖才學先開了頭。「我跟智永剛從台大材料所畢業，最近參加了國科會創業比賽拿了冠軍。但老實說，」兩人都尷尬笑了後，「我們根本一點都不懂創業，我們很驚訝會得到首獎。」

　　「哇靠，」Q 故意抓語病開他們玩笑：「你是說國科會創業比賽的評審沒長眼睛，亂給獎項就是了！」他們看過 Q 在約

見平台上的背景介紹，知道他是有化學背景，且也是擔任過該創業比賽的講師，才指定要約見他。他們不知道的是，他也擔任過該計劃評審。

只見兩位年輕人連忙尷尬搖手說不是。Q 很喜歡參與大學師生創業。大學教授，充滿各種技術創新的智慧財產寶藏；而學生，懷抱創業憧憬且充滿活力。跟他們討論創業，自己總是會有很多知識學習，也覺得豐富了人生。他樂此不疲。

「好啦，開你們玩笑。我先問一下，你們創業是玩真的，或者，你們只是獎金獵人，拿到了 200 萬就閃人？」

「我們是真的在創業，」共同創辦人許智永說：「要不然也不會來約見游顧問你啊！」擔心被誤會了，趕快表明立場。許智永碩士班畢業，感覺比較靈活。

「你們為何要創業？」這通常是 Q 提供諮詢服務時的第一個問題。「大部分像你們這樣背景的人都是進半導體業去賺大錢了啊！」

兩人互相看了彼此後尷尬加傻笑：「其實，是我們老師想創業啦！」

「什麼鬼啦？」Q 大叫，這叫聲連隔壁會議室都可以聽到。「那叫你們老師自己來開公司啊！」

「可是我們老師說大學教授開公司很麻煩。」

「所以勒？」Q 音量大概又提高了 100 分貝，臉紅脖子粗，好像在斥責般。

「呵呵，」又是一個傻笑。「我們就想說幫老師完成夢想

啊！」

雖然常碰到「不知道為何創業的創業家」，但他總覺得創業是自己事情，應該要想清楚才是。不過話又說回來，10 年前的自己可能就是想太多，所以到現在還沒有成功創業，如果內部創業不算的話。

釐清創業目的、兩人背景後，Q 就直接切入主題：盤點創業團隊現況。目前就是他們兩人，正在申請進駐母校台大育成單位的場地。他們兩人目前主要工作：製作「鈣鈦礦」這個太陽能電池材料，而且是使用指導教授實驗室的設備及器材。

「好吧，」他還是有點無奈，但也只能這樣了。但心裡想這樣的創業，應該不會有什麼好結局。「你們先說說獲獎這個鈣鈦礦的商業模式好了。」

「我們目前就是一邊在實驗室合成鈣鈦礦、一邊銷售。」接著，兩人拿出筆電，說明鈣鈦礦的合成方式、可能應用情境，讓 Q 進一步瞭解技術背景。

「怎麼銷售？客戶有誰？」

「我們實驗室有設立一個網站，」許智永說：「透過網站，國外實驗室、企業研發單位居然都有來下單。有夠屌的。」

「哇，」Q 很驚訝：「實驗室居然建網站銷售，也太酷了。以前我們化學所沒人這麼做，你們比較有生意頭腦。」兩人受到顧問稱讚，有點不好意思地笑了。

「而且啊，」許智永繼續：「因為看到客戶來自四面八方，我們也一起賣實驗室耗材、用品。」

「賣得怎麼樣？」

「連同鈣鈦礦，整體來講，過去這一年，每個月大概有 8 到 10 萬吧。」

「8 到 10 萬 1 個月？！」這可讓 Q 覺得有點意思了。

這時，X 軸加速器經理說話了：「不好意思，我們 1 小時的諮詢時間快要到了。」

「那我們下一次的時間是何時？」Q 問。

「1 個月後。」

由於政府預算有限，且是雨露均霑，因此每一個團隊能得到的諮詢資源都有限。剛開始要深入討論時被打斷，總是讓 Q 覺得時間太短。

「那我做個今天的結尾好了。」他說：「今天盤點你們的現況有鈣鈦礦的研發、小量製造及銷售，以及實驗室耗材、用品銷售，這兩種客群及商業模式不一樣。」接著他笑著說：「當然，我知道你們兩位主力是做鈣鈦礦研發。我們下次就針對這個事業繼續討論產業價值鏈。」

兩位年輕人異口同聲：「好！」

1 個月後。

「我們今天先從一個角度來討論產業價值鏈：誰是鈣鈦礦的客戶。」Q 見到兩人已經躍躍欲試了，他自己也充滿活力繼續：「你們說一下，你們研發的鈣鈦礦到底有多屌？」他也試著以

年輕人的語言溝通。

「呵呵，」廖才學看來比較是掌握技術的人。「簡單一點說，現在的太陽能材料主要是矽晶，吸收光的效率不夠好。鈣鈦礦的吸收光再轉為電的效率好很多，我們實驗室又是全球鈣鈦礦裡面，效率最好的。」

「誰會需要這麼高效率的產品？」

「太陽能電池片、太陽能模組廠、太陽能發電系統廠商會需要。」

「他們為何需要？有解決他們什麼問題？」

「追求太陽能光電效率提升，一直是這個產業的研發重點。國內一些企業想跟我們產學合作，也是著眼於此。」

「一般新的技術要從研發階段到可量產階段，需要好一段時間。」Q在硬材時期就是研發，瞭解從研發到量產的過程。「請問你們覺得太陽能產業界要順利地從既有矽晶改成以鈣鈦礦作為主要成份，需要多少時間？」

兩人看了彼此輕聲：「5年？10年？」許智永轉頭看著Q：「至少5到10年。」

「上次說來購買的那些客戶，後來有持續購買嗎？如果有，有越買越多的趨勢嗎？」

「沒有。」許智永：「我們後來還寫email詢問他們使用情況，但都沒有回我們。」

「嗯……我現在有個感覺，這是上次談完後我回去想到的。就是，跟你們買的這些單位，不是你們的客戶，而是潛在競爭

者。」

「競爭者？」兩人都表示驚訝。許智永問：「為什麼這麼說？」

「第一，經過剛剛討論，實驗室不是你們的客群；第二，大家都只買一次就停了。因此我大膽假設，這些來買的單位，私底下都在做「逆向工程」，想瞭解你們是怎麼合成出全球最高效率的鈣鈦礦。從好處想，他們是在向你們的技術致敬，」Q這時喝了一口咖啡，「但從創業角度，這很危險。你們就好像在訓練競爭者趕上自己。」

聽到這兒，剛拿到創業比賽首獎的兩位年輕人整個傻住。

「那……我們怎麼辦？」

「先不用擔心，」Q知道這麼說會讓他們緊張。「先請教你們，這鈣鈦礦的光電效率，有機會來一個跳躍式的大進步，還是會逐步式的進步？」

「這幾年進展都是一年進步一點，逐年進步。」

「如果這樣，你們又說至少要5到10年產業界才會真正使用。我就要問你們，假設研發了5年之後，你們的公司才會開始有比較像樣的鈣鈦礦營收。」Q眯著眼睛看著他們：「這是你們要的嗎？」

「太久了！」許智永說：「而且我們剛剛說至少5年，搞不好是10年。」

「是你們覺得太久，還是你們指導教授覺得太久？」

「是我們啦！」廖才學說：「上次游顧問跟我們討論過後，

我們兩個也有深夜長談過。雖然是指導教授想創業，我們兩個其實也是有想要創業的。」這時候他開始帶點微笑：「只是，我們想說明年鈣鈦礦就可以大賣，在游顧問你的輔導之下。」

「你們以為我是神嗎？」被視為神，Q 心裡暗爽。即使是被創業小白的理工男誤會。

「說到這個，我們兩人有個想法。」廖才學看一下 X 軸加速器經理，才又轉頭向 Q：「我們很喜歡你帶著我們討論的模式，但 1 個月才 1 次太少了。因此想說，如果 X 軸加速器不反對，我們想直接委託越志，請你帶著我們更頻繁討論，有點像我們的總經理一樣。畢竟，我們對創業不熟。」

X 軸加速器經理：「當然沒問題！」

「我也沒問題。但是，我剛剛說的情況，你們公司在沒有客戶的情況下，基本上資金燒完後，5 年內就會倒了。」然後 Q 帶著笑容說：「這樣，你們還需要聘我為顧問嗎？」

「就是因為這樣子，」許智永說，「所以我們才需要聘你為顧問，不要讓我們倒掉啊！」

「好，那我還是要問你們一模一樣的問題，」話還沒講完，許智永就接話了：「為什麼我們要創業，對不對？」

「對！」他有點喜歡這兩位年輕人了，反應很快。

「我們仔細深思過這問題。第一，我們不想去台積電當工程師，聽學長姐說過，那種生活太無聊。第二，我們想要做點不一樣的事，所以當初老師跟我們說有創業比賽才會參加。拿了首獎後，有被鼓勵到，就覺得創業好像真的可以是個選項。」

「那你們有堅持以鈣鈦礦來創業嗎？」

「倒也沒有。」許智永說，「只是，不以鈣鈦礦的話，也不知道可以做什麼。」

「上次你們不是說鈣鈦礦結合實驗室的耗材、用具，每個月有 8 到 10 萬的收入？如果我們先以賣實驗室產品當作事業來探索看看，鈣鈦礦的事業之後再視情況進行。你們覺得如何？」

兩人互看了一下彼此，很快的就說：「好像也可以耶。」

「這個叫 pivot，有人說是軸轉，其實就是轉型。很多創業家在發現原本要做的事業難以發展後，就會 pivot。這還蠻常見的。」

兩人點點頭。看來都具有開放的心胸，很容易接受新觀念。

「好，」他繼續：「賣實驗室產品，也是個老產業了。我相信你們在研究所做實驗時，也有密切配合的廠商，我當年在化學所做研究時也是。」

說到這裡，X 軸加速器經理暗示 Q 今天的諮詢時間已經到了。用手勢表達 OK 後，他繼續：「因此，我們下次討論前，分頭去找市場情報資料，也問問實驗室的老師、大學長們，聽聽看他們覺得有什麼創新的生意模式、服務流程可以做囉！」

「好。」

Q 轉頭跟 X 軸加速器經理說：「我不會多收錢，但還有些問題我今天想先釐清一下。」經理笑著表示沒問題。

「我離開化學實驗室已經很多年了，」他繼續問：「現在的年輕人在跟實驗室廠商叫貨時，作法是什麼？」

「嗯……我先說一下我的觀察好了。」許智永看著廖才學：
「學長你如果有其他看法再補充。」接著他繼續：「我們學弟
妹跟我有一個行為很不一樣，他們不喜歡打電話跟供應商叫貨，
喜歡用手機發訊息過去。」

　　「對，我也有此發現。」廖才學跟著補充：「有一次廠商
送錯了化學品我請學弟打給對方，只看他就手機拿起來，傳給
對方後回我：『學長，跟他說了。』就是不打電話。」

　　「好，那我等一下諮詢結束後會傳市場規模及市場區隔的
TAM/SAM/SOM 工具給你們。你們看看該方法後，如果看得懂，
就去找相關資訊。看不懂沒關係，你們畢竟是理工背景的，下
次我再跟你們解釋。可以善用政府的 open data 網站。那我們今
天就先到這邊。」

　　之後，兩人就正式委託越志，由 Q 擔任主持顧問。

第四回

破壞式創新

　　實驗室產品供應商，已有不少公司存在。有些公司專門提供化學品，有些則提供燒杯、量筒、加熱器這一類的器材用具，也有些是提供設備或氣體。總之，供應商都已經各據山頭。現在，就好像在咖啡館林立的台北市街頭說要再開一家獨立咖啡館一樣，很挑戰。

　　Q 雖建議往這條路走，其實他自己也還沒有一條清晰的路徑。但他知道探索這條路徑是否正確的方法：直接問潛在客戶，就像當年帶著武抗到嘉義養殖場一樣。在轉成實驗室產品供應商的商業模式後，Q 的腦海裡，立刻跳出老徐這號人物。

　　老徐，台大化工系教授，就是這個新事業的標準客戶。他，也是 Q 在服役時的同梯，他們的感情是在軍中一起光著屁股洗澡洗出來的。

　　這天一進老徐的辦公室，他就拿出一個新玩具給 Q 看。老徐是一位非典型理工教授，喜歡嘗試新東西，因此，也使用

過越志的約見服務，想瞭解自己申請專利的價值。「有沒有很酷！」他拿出自己剛做的 3D 浮空投影。Q 看到一隻立體的、會旋轉的迷你豬浮現，很可愛。

「哇塞，這個厲害！」他第一次看到這種玩意兒。

他三不五時就會來老徐實驗室，尤其是當世界上有橫空出世的技術時，老徐常是他請益的對象。只不過，今天要聊的不是技術，而是商業。因此，讚嘆後，緊接著說：「欸，不過今天不是要問你技術問題，是要問你採購問題。」

「好啊！我不知道可不可以幫上忙，不過你就問吧！」

「你們實驗室在採購用品時，有沒有什麼困擾，或遇到什麼困難？」

「你怎麼突然關心起我來了？」

「我不是關心你，是關心我客戶。」他話說得很直接，同樣是艱苦精實的步兵排長背景，他知道老徐沒有玻璃心。接著說：「我一個客戶要做實驗室用品供應商這生意。」

「喂，你自己化學研究所畢業的，對這生態那麼瞭解，還需要問我喔？」

「還記得嗎？」每當有人說他跟化學的關係時，Q 總是這麼回答：「我是化學界逃兵。」

「呵呵，我就等你接這句話！」弟兄兩人，身上有幾根毛彼此都清楚。其實，多年的顧問經驗讓 Q 養成不先入為主地看待事情，即使是他熟悉的事情。唯有如此，才能扮演好客觀的第三方角色。

「好啦，這樣你爽了吧。所以勒？」

「嗯⋯⋯現在實驗室的用品我都是授權由一位博士班四年級的學生在管理，我還真是不知道他們有什麼困難哩！不過，」他突然想到：「我之前自己還有跟學生一起做實驗時，總覺得有些用品台灣買不到，都要上美國網站買，當時對我很不方便。」Q 很仔細聽他說痛點。

老徐繼續說：「而且據我所知，幾位教授同事也是有這困擾。所以啊，」他突然笑了出來：「雖然不可能，但如果有一家供應商什麼都有，那對我就很方便啦！」老徐可能不知道，他視為不可能、且不經意說出的願望，後來居然就成為這家新創公司發展的主軸。

Q 做了紀錄。這是第一次兩弟兄的談話還需要動筆記錄的。「所以是一站購足的概念，瞭解。」停筆後他抬頭繼續問：「還有嗎？」

「我想不到了啦，下次跟學生 meeting 時，再幫你問啦！」

「那我問你，我知道現在沒人走電商模式。如果我的客戶走電商，對實驗室採購是方便、還是不方便？」

「方便啊，我剛跟你說美國那個網站就是電商啊。每次我都是先墊款。你看，兄弟我多可憐。大學教授薪水那麼低，還要先墊款⋯⋯。」

Q 沒時間聽他抱怨，「那在台灣供應商以電商模式來服務，對你們還有什麼好處？」

「有耶，美國電商沒給發票，台灣有，對我要向學校請款

反而比較方便。對了，」老徐又想到一點：「有時候實驗做很晚，缺了化學品而供應商已經下班了。如果是電商，也許他們的服務時間可以拉長，這對實驗室運作會更有效率。至少，想到的當下就可以下訂，也不會忘記購買。」

這幾項意見很重要。Q 繼續問：「那，如果找漂亮業務員來進行業務開發，對這項新服務是不是比較有幫助？」

「這招高明。當然有幫助，你也知道，我們化工實驗室大部分的研究生都是宅男。找一個禿頭中廣男子來，開門講第一句話就會被發好人卡了！」其實 Q 自己知道答案，但還是想確認。

「好，感謝你的意見，欠你一杯咖啡。我要先閃了，稍後就要跟他們開會討論了。」

「那你認真評論一下啦，」老徐總是希望自己的傑作有人欣賞。「我自製的浮空投影做得怎麼樣？」

「很棒！我是說真的。」

早上跟老徐在辦公室討論完，中午在公館簡單吃了「藍家割包」後，旋即到水源校區跟廖、許兩人討論。

「我先看看你們這一週找到的市場規模資料。」

「好，」廖才學將資料投影到螢幕，然後說：「這就是我們找到的資料。」

看著螢幕，Q 非常驚訝。他們居然在「市場區隔」、「定位」

做得這麼明快。而且，做得也很好。

　　這兩位理工男，一路都是化工、材料領域，完全沒有管理背景。Q 上週只是提供 open data 網站及書面的 TAM/SAM/SOM 工具，在沒有經過口頭說明的情況下，他預期今天是要向他們講解這兩項工具的使用方式，下一次才能夠定義出屬於自己定位的市場。

　　想不到，他們自己就上網研究出工具使用方式，居然在本週就清楚從台灣 1 年科學研究經費 2,600 億中，鎖定他們的 TAM 是政府科研經費 540 億，而不是企業科研經費的 2,060 億。

　　最關鍵、也是最難的一項，是可觸及市場 SAM。他們認定是「理、工」領域的「耗材」、「設備」，也就是 TAM 540 億中的 300 億。一般而言，這部分對於創業新手是難以定義出來的。畢竟，大家總是認為「全部市場機會都想要」。「醫、農、生物」也有 240 億的市場規模，但他們清楚知道自己沒有這方面的領域知識，先不碰。

　　從他們可以在一週內靠自己研讀、討論就定義出來，表示他們很有管理潛力，而且很清楚自己的優勢是在學術跟研究機構，而不是在企業端。因此，雖然企業的科研經費高達 2,060 億，卻不是他們鎖定的目標市場。

　　資料只有 1 頁，卻精確表達出他們在市場情報及市場區隔這領域的天賦。兩位年輕人可能不知道自己跟其他創業家相比所展現出的特殊能力，但 Q 跟這麼多創業家互動過，他心裡知道：「真是百年難得一見的管理奇才！」

接著，Q問：「你們有找教授或大學長問這項新事業的看法了嗎？」

「還沒，」許智永：「我們不知道該怎麼問。」

不意外。於是他就直接將跟老徐討論的資訊提供給兩位。包含一站購足的奇想、國內電商有發票、隨時訂貨等。腦筋動得快的許智永還說：「隨時訂貨之後，我們以後還可以讓他們6小時內取貨。就像現在一般生活電商推出的一樣。」

「嗯。」Q沒特別說什麼，只覺得許智永很敢想像。當然，客戶如果需要這麼快速的服務，那他也許是對的。然後繼續問：「這一頁很好。你們還有看到什麼有利於或不利於這個市場的任何資訊嗎？」

「有，」廖才學：「我們還查到一項資料，台灣的科研經費居全球第九。」

「第九？這麼高？」

「對，我們知道經費高，但沒想到在全球中，台灣居然是高到這個地步！」

「這樣一來，我們如果在這個300億的可觸及市場中，3年後拿下1%的市場，就是3億。以新創來說，這個數字還算漂亮。後續如果需要找資金，投資者應該會有興趣。」Q轉頭在白板邊說邊寫下「可獲得的市場SOM = 300億的1%，3億」。

「根據這些資訊，」Q說話了：「你們覺得這個實驗室電商平台的事業可不可以做？」

「我覺得可以！」許智永首先發聲。是帶著興奮跟期待的

笑容。

「才學，你覺得呢？」

「我也覺得可以試試看。」

「既然如此，」Q說話了：「我們就一起來做這個破壞式創新的服務吧。雖然不像鈣鈦礦般具有世界級的技術，但它將會是一項創新的生意模式。」

兩位年輕人看起來都很興奮，Q的興奮之情也表露無遺。接著說：「我們來為這項新服務取一個名字吧？！你們要叫什麼？」

「游顧問，」許智永說：「不瞞您說，我們還真的已經討論過了。」

「哇靠，」Q真的打從心底佩服他們，「叫什麼？」

「科學市集。」

第五回

募資與成長

　　Q 一樣帶著廖、許兩人持續探討出價值曲線定位、價值主張後，就將「科學市集」這項事業定位在「大學實驗室的 Amazon」。也就是，只要是理、工實驗室所需要的耗材、設備、氣體，在平台上都找得到。

　　過程中，雙方討論到像中研院、工研院那樣的研究機構是否納為目標市場？Q 建議可以是第二階段的市場。初期，還是先專注在創業團隊最熟悉、也最有人脈的大學實驗室。

　　接下來的進展非常快速，廖、許兩人初期先花了一筆錢請外包商建構電商網站，之後發現 UX/UI 都不行，就打掉重練。於是正式招募員工，自己架電商網站。雖然 Q 也營運約見電商平台，但覺得他們還需要長年深耕電商領域的專家，於是帶著他們去約見。一段時間後，需要公司股權架構的建議，於是也帶他們去約見一位新創律師。

　　基本上，現在科學市集的狀態就是公司營運架構有了，電

商網站也建好了，初步團隊包含漂亮業務員也招募了，可以正式賣東西了。

　　每一項新的服務，總是要有早期使用者。這時候找誰？老徐當然是不二人選。

　　「欸，你來得正好，」老徐一見到 Q 就說：「給你看我的新玩具：電漿球！」他一邊將研究室的燈關掉，邊展示邊說：「你看，這顆抽真空的玻璃球，內部低壓惰性氣體因為高壓而產生電漿，發出的扭曲光線很吸睛吧！」接著自己將手靠近玻璃球：「更酷的是這樣！」

　　當他將手貼上玻璃球，光線會跟著手移動。「最近要跟學生講電漿，我打算使用它引起學生的興趣。你知道現在學生很難教，上課都在看自己手機……。」老徐經常向 Q 抱怨現在大學生不像以前，很難吸引他們眼球云云。不過今天他不想聊教育理念。

　　「我上次去台中自然科學博物館時也有買一個電漿球，這個真的好玩。教育理念我們下次再繼續聊。今天要向你瞭解科學市集的使用經驗。」平台一上線，Q 就立刻要老徐來試用。

　　「喔對，科學市集。欸，說到他們，我覺得他們很厲害耶。」

　　「怎麼說？」

　　「我上次不是跟你說有些特殊規格的實驗室用品台灣買不到嗎？我就試著在科學市集平台上下單。你猜怎麼了，居然也沒有！」說完，自己就哈哈大笑。

　　「啊？」Q 納悶，這哪叫厲害，「他們有沒有說什麼？」

「然後，他們客服人員跟我說：請給我們一段時間，我們會幫你找到。一週後就真的給我了！」

「這樣的情況有幾次？」

「從你跟我說可以向他們買到現在……，應該有 3 次這種情況。」用手指頭邊數邊回想。「不過說真的，那幾項用品我都沒有太急，加上他們客服人員態度都很好。我就想試試看他們最後是否生得出來。想不到真的可以！」

「幾次使用下來，好用嗎？你以後還會想繼續使用嗎？」

「會啊，即使一開始沒有，但生得出來就好啦！」

老徐這個回饋很重要。當初在進行科學市集的定位時，一站購足是其中重要的一點，也是老徐提到自己跟其他教授都有這痛點，才在網站上主打這一項。這項未被滿足的需求一旦滿足了，Q 判斷，科學市集就有立足之地了。

「那包裝呢？」他問到一個當初跟廖、許討論，期待科學市集在交付產品時，包裝上可以帶給客戶優質、安心的感受。

「說到包裝，」老徐眼睛大起來了：「他們有點誇張。居然每一個玻璃燒杯、量筒都使用超強力、很大顆泡泡的那種氣泡袋獨立包裝。東西是保護得很好沒錯啦，但感覺也很不環保。」

Q 記下這個意見後：「還有其他使用回饋意見嗎？對了，業務員來拜訪你的互動如何？」當初設定教授是整個採購過程中的關鍵決策角色，請業務員一定要拜訪。

「我是沒有見到啦，不過聽學生說，互動很不錯，也願意

試用這項服務。」

「是因為業務員漂亮吧！」說完兩人哈哈大笑。

「聽說是會讓人想要聽她說話的那種業務員沒錯啦。不過，我有在想一個問題。」

「什麼問題？」

「實驗室管控經費的，是教授沒錯。但學生要使用什麼用具、設備、耗材來做實驗，都是他們自己比較清楚，我們教授也不會管那麼細。也就是說，他們說要買什麼，通常我們都說好。除非是大筆金額的。」

「你要說的是？」

「我要說的是，科學市集對我來說很新奇，會想要嚐鮮使用看看。我也同時跟幾位比較熟的系上教授說有這個新的方式買實驗室用品，但我看他們都興趣缺缺。因此，要不要考慮向博、碩士研究生銷售，而不是教授？」

老徐是天才，總是能講出一些讓 Q 靈光一閃的想法。

他將老徐的回饋意見跟廖、許討論後，科學市集的營運方向也快速做了幾項調整：1、銷售對象改為實驗室的博、碩士班學生，並以年輕人喜歡的社群媒體下廣告溝通。2、重新思考包裝，並在保護商品跟過度包裝中間取得平衡。

很快的，在 3 個月之內就出現明顯的效果，業績蒸蒸日上。Q 觀察到許智永具備管理的天賦，於是也教導他如何設計訪談大綱，以及如何訪談，也鼓勵他可以多向實驗室的教授、研究生進行訪談，挖掘更多未被滿足的需求。

隨著公司人數從一開始的 2 人，到後來的 15 人，他們兩人越來越覺得跟同事之間的目標管理需要制度化。於是，Q 也導入一套目標管理制度，並以工作坊帶領大家思考如何可以有效率地進行溝通與開會。

第一年，在廖、許努力下，有越來越多大學使用這項新服務，公司的營收已達千萬等級。Q 在外演講時，也會偶爾向科技人介紹科學市集的服務。第二年，有一項特別的需求主動找上門：企業採購。當初在設定可觸及市場 SAM 時，是將企業端的需求排除在目標之外的。但現在竟然有世界級半導體外商的台灣分公司主動找上門，也當然值得探詢需求為何。

於是，廖、許兩人向對方瞭解，為何考慮要採購。對方回答的幾點是之前沒想過的。

第一，簡化供應商管理。他們的實驗室需要大量實驗設備、器具及耗材，隨著台灣半導體客戶持續擴廠，這家外商自己的實驗室也需要做更多實驗，以提供給台灣半導體製造公司最先進的製程技術。現在的困擾是，供應商已經多到難以管理。

第二，代購。因為看到科學市集的一站購足價值，有些買不到的用品想透過科學市集購買，自己就不需要花這麼多時間去尋找。

看準企業採購的趨勢，廖、許打算增資以進行必要的人力擴充、網站功能建構，以及擴充必要的營運資金。於是，這天

與 Q 的討論是「募資」這項需求。

「我以為以你們第一年的發展，跟投資者談會很容易。尤其是在未來前景可期的情況下。」Q 說。

「是沒錯啦，」許智永說：「最近幾個月的確有投資者表達對我們有興趣。」

「很好啊。然後呢？」

「呵呵，可是我們沒有信任的投資者。還有，他們講的投資語言我們都聽不懂，不知道怎麼應對。」許智永先看著廖才學，之後再轉回頭向 Q 說：「看游顧問你是否可以帶著我們準備募資策略及簡報，再幫我們介紹，我們比較信任你。」

Q 觀察到一件事情。許多體質良好、被投資者視為瑰寶的新創，募資速度非常緩慢。這主要的原因是：創業家有心魔。什麼心魔呢？這家公司是我辛辛苦苦創立的，現在好不容易有點小成績了，投資者要來跟我分一杯羹。

這種感覺就像是自己辛苦生育的孩子，有人提供奶水的同時，也想一起撫養。不像早期的 3F（家人、朋友、傻瓜），是信任、無條件來投資自己，那是真愛。現在來接觸的，都是為了他們自己的利益才找上門的，不知道他們心裡想的是什麼，他們有可能是壞人。

這也不能怪創業家。市場上，的確存在著許多鬼故事。有些是打著財務投資名號，在創業圈裡招搖撞騙；而有些是打著科技集團公司名號，說是要以企業創投進行投資，結果是來騙取技術。於是有些大集團成為新創的拒絕往來戶。因此，新創

常抱怨找不到好的投資者。

　　從 Q 的角度，重點是孩子，而不是自己。看著孩子長大，有一天你卻發現自己快沒有奶水了。這時，有一個保母可以提供孩子成長所需要的奶水，但她也想參與孩子的教育。雖然會有被剝奪感，但也是不得不的事情，這是消極面。積極面，若保母除了奶水，也有比較進步的教育方式，為何不一起來呢？

　　反過來，許多投資者也被新創騙，最有名的例子就是美國血液檢測公司 Theranos。它號稱「一滴血驗百病」，結果許多知名投資者被騙到脫褲子，其中還包含美國前國務卿。

　　也因為投資者被騙時有所聞，因此他們偶爾也會來找越志這樣的顧問公司，從中尋找好標的。至少，當他們要進行 DD（Due Deligence，盡職調查）時，長期陪伴輔佐對象的顧問，絕對是最佳諮詢對象。

　　新創投資，本質上就是買賣的行為。講難聽一點，難免充滿著爾虞我詐的成份，但 Q 喜歡從談判的角度來看待新創投資。誰比較需要對方，就會決定出談判力屬於哪一方，也會決定出最終的估值、投資價格以及股份比例。

　　有些新創在第一次接觸投資者後，覺得對方漫天開價。不是開得特別高，而是低到覺得被侮辱，玻璃心碎了一地之後就開始說投資者沒一個是好咖。

　　反過來，投資者在跟新創小白開第一次會時，新創也不知道哪裡來的熊心豹子膽，提出的估值居然比同產業的公司高出許多，因此常有投資者來向 Q 抱怨，說這些新創搞不清楚狀況。

其實，他們只是不知道投資者以什麼角度在看待新創價值，如此而已。

也因此，當新創需要資金時，需要有人來向他們分析各種投資者的優缺點。例如，你需要的是不用佔股，但需要還本金利息的銀行；或者需要的是不需還本金利息，但卻會佔你公司股份的投資者。

回到科學市集。兩位年輕人第一次創業，對投資界實務作法不清楚，只知道江湖險惡，這時找信任的 Q 來協助進行募資，是最安全的。當然，他沒有理由不接下這項神聖的工作。

瞭解到現階段資金需求不到新台幣 1,000 萬，屬於天使輪的資金後，雙方於是就開始討論募資簡報及募資對象。Q 首先向他們說明，創投不會投這麼小金額的。他們兩人也做過研究，認為經營電商的策略型投資者，可以在這一輪的考慮名單中。

Q 同時建議，投資規模在新台幣 200 萬到 1,000 萬之間的天使投資機構，也可以納入。有意思的是，當 Q 列出「寶島天使投資」這家天使投資機構時，「咦，我認識裡面一位 Emily 耶！」許智永說：「所以游顧問你覺得這家投資機構可以談？」

「當然，我列上來的都是我認識、也是認真在市場上看案子的。寶島天使投資裡面，我認識 Emily 以外的其他人。不過既然你已經認識 Emily，就直接找她繼續談比較快。」

就這樣，科學市集去找了寶島天使的 Emily 後，在公司定位、價值主張、市場機會等 BP 資料都完備下，很快就獲得了寶島天使投資者的青睞。但過程中 Q 發現兩人在面對投資者時，

心態上覺得是有求於對方、矮人一截的。他一向認為，投資行為，是等價交換，沒有誰欠誰的問題。

於是，下一輪在面對更高金額投資時，Q 傳授了幾招應對創投的方法。包含瞭解對談人在創投組織裡是找案源的 AO（Account Officer），或是有決定權的合夥人。也詢問對方：「投資決策流程為何？」、「方便我們聯絡過往投資過的創辦人？」。藉此瞭解創投運作方式，以及他們與新創互動是否符合專業、平等與互惠的精神。之後，也順利獲得了新台幣 2,200 萬的投資。

科學市集一開始成立時，知名度是 0。隨著營運漸上軌道，Q 在外對理工醫農背景人士演講時，會分享該個案如何從 0 發展到今天地步。這樣的行銷推廣，逐步讓他們在台灣市場打開了知名度。現在當 Q 在演講場合問：「有聽過科學市集的請舉手？」已經有越來越多人聽過，並使用過他們的服務了。

廖才學跟許智永，與當初來找 Q 時的青澀模樣，已不可同日而語了。他們不再只是為了教授而創業的年輕人，而是認真在為自己理想而努力實踐的創業家了。

公司，也正處於高速起飛階段，朝向當初設定的目標勇往直前。現在的科學市集，已經是台灣「大學實驗室的 Amazon」了！

科學市集專案結束後的某個豔陽天，Q 約了張力在台北科技大學對面咖啡館聊天，才發現他已經定居在美國加州了。一陣子沒見了，兩人相談甚歡，張力這位具有創業魂的老兄，也還在持續找尋其他創業機會。

張力跟科學市集的後續發展，讓他晚上再度拿起筆記本，在書桌前沉思。並寫下：

1. 如果我是張力，會跟他做一樣的決定，採 8 位創業員工都併入這樣的整包模式才要接受這個併購交易？還是會選擇對方的條件，就由自己跟技術長過去併購方，並遣散其他同事？

2. 廖才學跟許智永是否太早放棄鈣鈦礦的創業機會了？如果重新再來一次，是否在科學市集之外，建議他們募資後找人並持續研發，探詢該技術的後續商業機會？

3. 科學市集發展初期，選定的 TAM 是政府科研經費 540 億，而不是企業科研經費的 2,060 億，主因是他們剛從學校畢業，熟悉學校的人脈及請購實驗室用品的流程。但我熟悉企業端流程，我這樣帶著他們選定這個 TAM 是正確的嗎？

4. 科學市集的廖、許兩人，因為我提及了，於是對曾經接觸過的寶島天使投資有了信心，積極洽談而獲得了投資。真實世界中，新創有什麼方法或管道來認識投資者，以加快投資的程序？

第六章

業績成長

洪仙蒂：

「我覺得這兩家公司都很不簡單，願意將市場研究當作是未來業務成長的投資，而不單單是費用。」

第一回

舊瓶裝新酒

　　天不從人願。過去這一年，越志的案子明顯比前一年少。原本期待約見能夠帶起越志全球顧問事業成長第二隻腳的，現在看來，這個內部創業還沒有成功。身為事業負責人的 Q，壓力不小。

　　他有使用社群媒體的習慣，偶會分享管理觀點。他的原則是，不談個別案子，而是以更上位的角度，談眾多發生類似管理議題的觀察。一位朋友長年追蹤，今日主動來電跟他聯絡。

　　「嗨，Q，好久不見！」

　　「哈囉，Allen？幾個月沒聽到你聲音了。最近都好嗎？」Allen 在一家國際知名酒商「傑森跑步」台灣分公司擔任策略發展暨市場行銷部經理。他們倆是壘球場上的隊友，Q 是左外野手，Allen 是三壘手，也是球隊隊長。現在不是球季，他們已經幾個月沒一起出賽了。

　　「對啊，幾個月沒打到球，手癢了沒？」他們壘球隊都是

利用週日早上在內湖民權大橋下進行比賽。

「癢了、癢了，新球季報名了？」Q 是個運動咖，一陣子沒運動就渾身不自在。

「報了。2 週後的週日開始，接下來的時間要空出來啊！」

「Yes，sir ！」Q 很有活力地回應。

「除了這事，」Allen 接著繼續說：「我最近被公司指派一項任務，想到你們越志可能可以協助我們。」

「好啊，你說說看，有什麼是我們可以幫上忙的？」他們倆平常在球場上都是討論美、日職棒，不談公事的。今天難得 Allen 會主動提及。

「是關於我們在台灣市場的業績突破策略。」

「你們在台灣的市佔率不是已經很高了？幫幫忙，也留點飯給人家吃。你們還需要突破？」

「沒錯。但你也知道啊，」Allen 知道 Q 以前混過美商，「外商對於台灣分公司的要求只會逐年提高，好還要更好啊！」

接著繼續：「我們業務部門去年底被大老闆檢視業績的時候，提到在幾個大通路如便利商店、量販店、菸酒專賣店等，已經幾乎要到頂了。最近將腦筋動到檳榔攤，因此，今年我的部門老闆就提出一筆預算，想探詢在檳榔攤這個通路的業績成長策略，以提供業務團隊參考。」

一家健全的國際性公司，會有行銷團隊協助業務團隊，Allen 就是在這樣的策略行銷部門，協助擬定市場策略，以供業務部門執行銷售方案。也就是，在內部是上下游的合作關係。

「檳榔攤？」Q 拉高音量，想確認他沒聽錯。「你是說有檳榔西施的那個檳榔攤？」

「正是！欸，不過現在要稱呼她們為『門市小姐』，不叫『檳榔西施』了。」Allen 在電話中糾正 Q。

他繼續發揮顧問本能問下去：「你們以前有委託過顧問執行這一類案子嗎？」

「有。3 年前第一次嘗試研究檳榔攤生態，當時是委託市場調查公司。」

「那這一次為何找越志？」

越志是會慎選客戶的。需求不明確的，不接；非越志專業的，不接。如果這兩項都具備了，但執行後專案效益可能不佳者，也不接，這就是之前如梅推掉 7 位數字合約的原因。因此，有經驗的顧問在初期時，就要判斷該案適不適合越志。找越志的理由，就是評估時其中一個重要問題。

「3 年前的案子，在執行後我們發現，市調公司對檳榔攤老闆那部分的訪談不夠深入，原因可能是訪談員的高度不夠。而跟老闆對話，我相信是你們的強項！」Allen 這麼說著。

「跟老闆對話的確是我們每天的工作。」Q 回覆的同時，心裡可爽著呢。這位球友不是當假的，夠瞭解自己的工作。他這時閃過一個念頭，但被 Allen 打斷。

「而且，我們這次重點是想知道連鎖檳榔攤老闆對未來經營的想法，並從中探詢雙方進一步合作的機會。而不是 3 年前的獨立檳榔攤。」

聽到這裡，Q 心理很清楚這是「原則上」可以接的案子。需求明確，也是越志專業。而且這家酒商國際知名，預算肯定不會東砍西砍的，這對今年低迷的業績應該很有幫助。

　　「Allen，目前聽起來，這個案子我們有機會可以參與提案。但請你給我 3 天時間做內部討論，我再給你正式答覆。」

　　「蛤，檳榔業也要請顧問？」在隔天的公司週會上聽 Q 分享案源機會時，仙蒂正低頭處理另一個專案報告，沒聽清楚而叫了出來。此時的她，正抬頭瞪大眼睛看著 Q。

　　「是『傑森跑步』這家酒商想透過檳榔攤探討業績成長策略啦！」Q 笑著回覆。

　　洪仙蒂畢業的 INSEAD 商學院，校友有四成在顧問業，仙蒂也是其一。

　　「等等，」這時身為品牌行銷專家的陳如梅也說話了：「傑森跑步的定位算是偏熟齡的中高階市場，而檳榔攤的定位……」她稍微皺著眉頭，停頓了 2 秒後，「這是對的通路？」

　　「我一開始也是這麼懷疑。」越志的大家都沒有吃檳榔，也對檳榔攤存有某種既定的印象，Q 自己也是。「不過，接到我球友 Allen 這通電話後，就上網初步研究檳榔攤產業。我發現，現在有主打精緻型、比較偏年輕人的檳榔攤出現了，雜誌還有採訪他們。」他反過來講客戶端的市場觀察：「而且，烈酒的酒商在近幾年也逐漸將年輕人視為是業績成長的重點市

場，這從廣告就可以明顯看得出來。」

「這實在很有意思。」豔文說。「之前也是因為你執行的刺青傷口敷料專案，我們走進去該產業才知道原來現在刺青師傅已經被視為是藝術工作者，收入也高。現在這個專案，不得不佩服傑森跑步的創意，從檳榔攤著手。我想，我們也是要走進去檳榔攤產業，才可以全盤瞭解產業現況。」

「對啊，」Q 接話：「就像你常說的，顧問不能有成見，這樣才能真心傾聽聲音，協助客戶做最佳決策。檳榔攤對傑森跑步是不是好的通路，要由我們來探索才會知道。」

「說得好，我們不要有成見。那身為主持顧問，」豔文問：「你的專案團隊希望誰可以加入？」Q 在這類型的案子已經進行過不少了，訪談 CXO 的經驗也很多，因此豔文早已放手讓他擔任主持顧問。豔文一向尊重由主持顧問組成專案團隊，他自己從不干涉。

「我想邀請仙蒂加入。」Q 說完後看著仙蒂，但此時的她，眼神呆滯。他知道昨天在跟 Allen 通話時閃過的念頭真的發生了。於是會後，他跟仙蒂一對一討論此案。

在跟 Allen 談話時，Q 已經判斷從各方面而言，這個案子是可以承接的。但他需要一位年輕顧問共同執行訪談及市場調查。他心中屬意仙蒂，但知道她有道德潔癖。

「會邀請妳加入本案，主要是因為之前我倆進行『寶貝藥業』的專案，覺得妳在研究上做得很好，且跟客戶的互動也很專業。」Q 直接切入，畢竟允諾 Allen 會在 3 天內回覆。

「這兩個案子的執行流程及所需專業很類似。除了內部訪談，外部也會訪談通路。只是寶貝藥業的通路是藥局、連鎖藥妝店，而本案是訪談連鎖檳榔攤老闆。」

　　「這我知道。」仙蒂說：「可是寶貝藥業不論是他們的藥品或健康食品，都是在幫助人。本案又是酒，又是檳榔的，都是在害人。老實說，我不是很喜歡這樣的產業。」果然，她說出了心底話。

　　「其實，我也不喝酒、不吃檳榔的！」仙蒂笑了出來。還好，有聽懂 Q 的幽默。「如果妳不想加入，沒關係。我會邀請別人。我希望妳是帶著學習與愉悅的心情，再來加入本專案。」

　　Q 心裡清楚，專案團隊的成員，必須都能全心投入專案中。如果有任何疙瘩，是無法做出好結果的。雖然是希望她加入，但也知道勉強不來。

　　「我不評斷妳對酒、檳榔產業的價值觀，我對這兩類產品也沒有很好的印象。酒駕傷人、口腔癌是這兩類產品最常從公眾媒體聽到的新聞事件。更不要說檳榔樹的水土保持問題。」Q 試著同理仙蒂的立場。

　　但話鋒一轉也說：「不過，本專案主要是研究連鎖檳榔攤的未來前景，再從中探討酒商是否值得在此通路花更多資源。倒不是要鼓勵大家多吃檳榔、多喝酒。」

　　她沒有接話，於是他繼續說：「我們以為對檳榔攤很熟悉，那是因為在台灣各地都看得到。但，那都是從外面看到的，我們從未自己走進去買東西，也從未跟檳榔攤的從業人員聊過。

其實，我們並不瞭解檳榔攤老闆及門市人員的內心世界，以及他們怎麼看待自己從事的行業。」

他觀察到仙蒂跟自己很像，對許多事物都保有好奇心。以他自己 8 年來的顧問經驗，發現這是個還不賴的特質，因為會驅使自己去接觸從沒接觸過的人、事、物，以及產業。他希望這段說法，可以引起她的興趣。

她好像有點心動。

「你沒有覺得這次可以深入瞭解這個台灣到處都有的特色產業，是個難得的機會？」說到這裡，仙蒂有在思考。他最後說：「以後你法國的同學來到台灣，還可以跟他們好好介紹這個台灣特色呢！」

最後 Q 補上一句：「還是那句話，不勉強。但明天我需要知道答案。」

隔天一早，仙蒂打電話跟 Q 說：「昨晚想了一晚，晚餐時也跟我爸媽聊到此案。結果你知道嗎？我媽還念了我一頓。」說到這裡，她自己還笑了出來。

「我媽說：『啊妳是很大牌吼？還挑案子做？妳這位資深同事來邀請妳是看得起妳，還不加入？又不是叫妳去販毒。只是去做研究案，有什麼好想的啦！』」說完自己又呵呵地笑。她在模仿自己媽媽說這段時，讓 Q 想到卡通《我們這一家》裡的花媽。

「所以，妳的想法是？」他大概知道仙蒂的答案了，但還是要正式確認。

「我後來就想說，自己到底在執著什麼？想通了後，也覺得很好笑。我又不是要鼓勵大家吸毒，就只是一個研究案，有什麼不能做的。而且，我們不接，別家顧問公司一定會接走！」他就是喜歡仙蒂會站在公司立場想事情。

當天，也就是第一次跟 Allen 通話後的第 3 天，Q 就正式回覆 Allen：「沒問題，我們可以參加提案。」

「太好了！」Allen 說：「平常看你臉書及 IG，雖然都沒講公司名字，但看得出來你們在處理 CEO 等級難題的經驗豐富，我還跟老闆大力推薦你們公司勒！」

「我覺得這個案子很有趣。雖然是你們出經費來請顧問公司做檳榔攤的產業研究，但某種程度也是讓傳統檳榔業者知道，他們除了賣檳榔，還可以賣什麼新的產品。對他們而言，一整個就是舊瓶裝新酒的概念。」

Allen 笑著回覆：「你這比喻很有趣，也的確如此。我們在這個案子上希望將檳榔業者視為夥伴，探索雙方未來的合作空間。」

「嗯。希望越志有機會可以幫上忙。」接著 Q 問：「請問我們有幾家競爭者？」

「老實說，我就只找你們越志一家。」

「真的假的！你不怕我們搞砸？」

「你搞砸，下次在壘球場上就自己從左外野雷射肩傳回本壘，我就不在三壘幫你做『卡抖』！」

西施的焦點團體訪談

檳榔攤，對 Q 來說是既熟悉，又陌生。

熟悉，是因為以前在宜蘭讀羅東高中時，從住家上了公車到最後走路至校門口這段 1 小時的上學時間，可以看到 40 到 50 家檳榔攤。營業中的檳榔攤，裡面總會坐著當時尊稱為「檳榔西施」的門市小姐。

陌生，是因為一次也沒敢踏進過。正值青春期的 Q，認為她們是高不可攀的。也知道：只可遠觀，不可褻玩焉。每個檳榔攤對 Q 而言，就是一座小舞台；檳榔西施，就是舞台上的明星。

公車上的學生，大多拿著英文課本在左搖右晃的公車上背單字。而 Q，則是感謝公車司機，載著他從一個舞台轉換到另一個舞台，看盡舞台上的明星。不知道是否因為青春期的緣故，總覺得每位明星都很漂亮。

她們有些穿著低胸豹紋內衣、網襪，走性感路線；有些穿

著護士裝，走愛心路線；也有些打扮成小甜甜，走可愛路線。她們的性感與美麗，帶給他無限的青春回憶。也讓凌晨 5 點就要起床趕公車的他，一路上從睡眼惺忪，轉換成精神抖擻、熱血澎湃。

然而此情此景，隨著時代的演變，已經一去不復返了。

在 Q 的主持及仙蒂的搭配下，本專案在傑森跑步公司內部將訪談 3 位北、中、南區的業務主管；外部，則會訪談通路商、檳榔攤門市人員及連鎖檳榔攤老闆。門市人員採用焦點團體訪談（FGI，Focus Group Interviewing）的方法。其餘部分，都採行一對一訪談。

在結束了內部訪談、通路商訪談後的這天，Q 與仙蒂來到準備要執行焦點團體訪談的場地。

所謂焦點團體訪談，就是在一個輕鬆的房間中，由主持人（moderator）訪談 6 至 10 位具有特定特質的人，並藉由團體討論，探索這群人對特定議題的態度、感覺及意見。目的是挖掘出行為背後的原因，以作為後續管理措施的參考依據。越志設定受訪者的條件為：

1. 25 ～ 45 歲女性。
2. 連鎖檳榔攤門市人員，負責店內商品銷售。
3. 從業時間 1 年以上。

本專案規劃台北、台中及高雄共 3 場焦點團體訪談，今天

是台北場。

對仙蒂而言，最新鮮的是在她眼前的鏡子。在 Q 跟主持人 Tony 比對今天來現場的名單及背景資料時，仙蒂一邊將臉靠近，也一邊以右手摸著鏡子說：「這就是傳說中的單面鏡啊！」第一次來到這種場地的新鮮人，總是會覺得很新奇。

焦點團體訪談的主持人與受訪者，通常在一間小房間，所有人圍著桌子而坐。桌上放著小點心、飲料，供大家在這 2 小時受訪期間隨時取用。他們的一言一行，也完整地被隔著單面鏡玻璃的另一組人看著。

這格局跟擺設，就跟電影中調查局在審問嫌疑犯的場景一模一樣。不同的是，幹員通常是問嫌疑犯「抽不抽菸？」，FGI 的主持人則是問受訪者「再來一杯咖啡？」。目的，都是卸下心防，要你完整交代。

「沒錯。」Q 回答仙蒂的問題。「等一下開始時，妳就會有電影《絕地任務》中，尼可拉斯‧凱吉監看著小房間內史恩‧康納萊一樣的那種快感！」因為化學背景加上去過舊金山「惡魔島」，這部電影名列他最愛電影的前 5 名，也邊說、邊瞇著眼睛逗著仙蒂。

突然間，一位負責招募受訪者的人員開門：「三重『168 檳榔』的李小姐一直聯絡不到。」

「會不會是在騎機車，沒聽到手機聲？」Q 問。

「我覺得她不會來了。」Tony 回應。Tony 人高馬大，聲音宏亮，是這家擁有「調查局等級設備」市調公司的老闆。曾訪

談過檳榔攤門市小姐，對這產業有一定的熟悉，這也是越志找他們公司合作的主因。「昨天我同事打給她要確認今天訪談時，她就說可能會有事了。我的經驗，這就是代表她不出席了！」

接著說：「這行業的從業人員，對人的信任感比較不夠。舉個例子，你看那位坐在 3 號位置的李小姐，」Q 一邊看著手上畫有位置編號的名單，Tony 一邊說：「她剛剛是由另一位同事陪她來的，她不敢自己一個人來。」

仙蒂好奇地問：「為什麼不敢？」仙蒂是一位從小被爸媽呵護、北一女畢業、模範生等級的小白兔，沒經歷過叢林的險惡。

「這行業比較複雜，常聽到客人騙財騙色。當你打電話跟她說要『邀請』她坐下來聊天，」Tony 說「邀請」兩字時特別將兩手在空中做出雙引號，「會請吃便當，還要給她 1,500 元車馬費。她直覺：這肯定有鬼！」邊搖頭還邊嘆氣。

為了讓仙蒂瞭解市調公司在本案招募這些門市人員受訪員的難度，Tony 繼續：「我同事想說是不是車馬費太少，加碼到 2,500 元。哇靠，對方反而覺得你更像是詐騙集團，就是要用金錢騙她上當，有些聽到這裡電話就直接掛斷。」

Tony 觀察到 Q 在看手錶：「等一下我在主持訪談時，妳可以感覺一下。」接著轉頭問 Q：「我們這樣缺李小姐一位，只有 5 位，可以嗎？」

「我們不是在做嚴謹的學術研究，就開始吧！」Q 知道受訪者難招募，加上專案有時間壓力，也只能這樣了。

8 年顧問經驗，已經常在十字路口決定要走哪一條路了。現在的 Q，決定很明快，已經像他剛入行時的如梅一樣有經驗了。

FGI 進行 1 小時了，看來 Tony 很有辦法讓在場門市小姐們放心且熱絡地暢談。隔著單面鏡的 Q 跟仙蒂，認真地邊看、邊聽、邊做紀錄。主要是一些特殊的對話及觀察。

「客人會跟我要電話」、「1 個月休 4 天而已」、「工作 8 小時要包 1,000 顆檳榔」、「剛入行覺得包檳榔好像很輕鬆，真的去學很崩潰，我每天都做到快天亮」、「上廁所要拜託旁邊的鄰居幫我們看一下」、「交班時容易跟其他小姐產生摩擦」……。

聽到這些，仙蒂用腳蹬地，將椅子滑過來 Q 身旁。以小學生在上課時偷偷講話般的輕柔聲音：「這些門市人員好辛苦喔！」

「真的！不過，妳可以用正常音量講話的，不需這麼小聲。」仙蒂一時還不習慣這樣的場域，擔心單面鏡另一邊的受訪者會聽到。

「我們有年終獎金及特休，還有三節獎金及生日禮金」、

「我們有業績獎金,業績就是一間店的業績自己去衝,老闆很敢給」、「我們店有冷氣」、「我上班 1 個人而已,老闆也不會去管你在幹嘛」、「1 個月加起來 4 萬多是正常」、「一邊包檳榔,上面就放著手機開始追劇」……。

「我太早替她們感到辛苦了。其實這工作還不錯耶,不知道還有沒有缺人?」仙蒂講完,Q 轉頭給她加菲貓眼:「這樣啊,很想去吼!」

最關鍵的,是聽到一些與傑森跑步有關的內容。

2 號座位來自三重的關小姐:「我這間店之前有試賣洋酒。老闆說之後要正式賣,還說我們小姐可以抽成。」

Tony 趕緊抓著問:「老闆這麼說,你的感覺怎麼樣?」

「我說塞拎娘勒。一支酒我才賺你……鷹牌一支 450 好了,我才抽你 2%,還要拿給客人,還要拿上來補貨。檳榔我直接拿給客人,一包可以抽 5 塊,我幹嘛。我說賣酒當然不要啊,我還要跟客人介紹那個是什麼酒。」

她越說越氣,但也還沒講完:「檳榔的話你要幼的、普通的,就很簡單。我說酒很麻煩,酒又是玻璃,打破了小姐要自己賠欸!」聽到關小姐以江湖話問候別人媽媽,單面鏡這側的所有人都噴笑了出來。

「所以是獎金趴數不夠高?」Tony 追問。

「對啊。然後有的客人會問怎麼賣得比酒行貴,我就說那不關我的事啊,公司老闆規定下來就是這個價錢。客人有的很

機歪，我們有時候也是會說那你乾脆不要買，他就覺得你這小姐態度不好，就打電話去客訴，被罵的又是我們。我說我寧願不要去賣酒，省得麻煩。」關小姐說得義憤填膺。

「現在的業績獎金只有檳榔有？」Tony 問。

「飲料跟香菸沒有抽成，都只有抽檳榔而已。」在場每一位都這麼說。

這時 Tony 不知道是為了引發討論，還是皮在癢了：「你們現在感覺都悠閒太久了，補個東西就嫌重，嫌麻煩！」這句話引發所有 5 位群起圍攻：「哪有！」

5 號林小姐補充：「補飲料很重耶，要一直搬、一直補。而且，飲料種類很多，你要去記什麼飲料是多少錢，那菸也是，到現在都還記不起來。以後如果多了酒，要記的就更多了！」所有人一致點頭同意她說的。

「好啦，各位對不起，小弟說錯話了，我認錯。」Tony 有技巧地帶到越志關心的關鍵一題：「最後問各位，什麼情況下，你們會有動力想要賣酒類產品？」

「獎金趴數提高」、「打破不要我們賠」是最多人提出來的。

Q 跟仙蒂在執行「寶貝藥業」專案時發現，通路是藥局，而藥局的藥師跟客人之間，明顯存在著資訊不對稱。客人帶著問題進藥局，期待藥師針對症狀描述給予專業的用藥建議。

面對 2 款主成份類似的不同藥品時，不同藥局會給予不同的建議。而這考量點，有時是商業面。通常原廠給較高利潤的

藥品，會在這時脫穎而出，成為藥師的推薦品。當然，一般客人是不會知道的。

由通路管理角度來看，藥局比檳榔攤單純。藥局老闆跟第一線面對客人的藥師，常是同一個人。但檳榔攤，老闆跟第一線面對客人的門市人員，常常是不同人，尤其是三班制的檳榔攤。傑森跑步這樣的原廠要如何影響「有決策權」的檳榔攤老闆，同時也影響「有執行權」的門市人員，以促進酒類商品的販售，管理複雜度是高的。

因此，門市小姐推薦商品的動機，是這次焦點團體訪談重點中的重點。瞭解動機，越志才可以從管理上給予傑森跑步建議。

今天的 FGI 討論很深入。聽到這裡，Q 心裡大概有個輪廓了。

‖ 第三回 ‖

檳榔界的圓桌武士

　　北、中、南三場焦點團體訪談，對越志是前菜。主菜「連鎖檳榔攤業主訪談」，才正要上桌。這也是 Allen 當初找越志最主要的原因。

　　之前在訪談經銷商時，有提到「有些老闆看起來像是黑道的」。所謂「沒吃過豬肉，也看過豬走路」，Q 雖沒混過江湖，但以他鄉下來的、當過兵的，刺龍刺鳳看過不少，因此檳榔攤的黑道也沒在怕的。更何況，越志又不是拿著棒球棍前往，而是帶著筆電，以及提供他們與傑森跑步共好的機會前往的，「當會以禮相待才是」，Q 心裡是這樣天真地想著。

　　他想得沒錯。至少，第一場訪談是這樣。

　　但也因為在 FGI 觀察到門市小姐江湖味很重，想說老闆也就不可能是江南四才子。因此，Q 跟仙蒂大幅調整訪談大綱的內容。簡單一點說，就是將原本的文言文改成通俗白話文。

　　例如，原本在訪談大綱的「請問您認為……」直接改成「你

認為……」；而原本的「您覺得檳榔業在未來有什麼機會與挑戰？」也就改為「你覺得檳榔業未來會怎樣？」。直接了當，不咬文嚼字。

雖然調整了文句、縮短了訪綱，但該有的禮數還是要有。越志就跟之前所有專案一樣，撰寫一份「邀請函」，連同訪談大綱一同請各區業務主管傳給受訪檳榔攤業主，讓他們知道訪談目的及問題，以方便準備。一切就緒後，越志就進入本專案的重頭戲。第一家，是位於基隆的「正濱檳榔」。

今天當 Q 開出國道一號基隆端隧道口時，豔陽高照。看到大約 10 隻老鷹盤旋在基隆港上方，在湛藍天空下，相當壯觀。港邊還停泊一艘巨大的郵輪，白底藍字寫著「Majestic Princess」。「哇……是盛世公主號耶！我一位朋友剛搭回來，她說超好玩的，還有 24 小時的餐飲哩！」坐在旁邊的仙蒂興奮地說著。

這就是顧問的日常：到處走跳。有些人喜歡、有些人討厭，看來仙蒂也是喜歡的。

若該地點是第一次開車前往，時間通常會抓比較鬆，避免臨時狀況。這次提早 20 分鐘到，因此他們將車子停在附近，也可以在馬路斜對面先仔細觀察正濱檳榔。

這是因為仙蒂媽媽有跟寶貝女兒交代：「如果從外面觀察，看起來是做黑的，妳就讓游顧問自己一個人進去就好了！」Q 聽到仙蒂轉述洪媽媽這段話，想說要找一天去拜訪她，謝謝她對自己這麼有信心，可以一個人應付黑道。

還好，看到一台發財車旁邊，有 3 位年輕人在分裝黑色大網籃裡的檳榔。沒有刺龍刺鳳，也不是穿著夾腳拖、外八式很跩地走路。嘴裡甚至沒有在嚼檳榔。

　　「怎麼樣？有通過洪媽媽的標準，可以跟我一起進去嗎？」仙蒂目不轉睛地看了正濱檳榔內部狀況 15 分鐘後 Q 問著。還好，那幾位年輕人在忙，否則看到 30 公尺外有人死盯著看，肯定覺得很奇怪。

　　「看起來是正常人。」仙蒂邊說話，眼睛還是直視這 3 人。

　　「那走吧！」兩人於是跨出訪談連鎖檳榔攤老闆的第一步。

　　3 位年輕人的其中一位，得知越志的來意後，就帶他們到一間大約可以容納 10 個人、且有沙發座位的會議室。

　　「有收到我們的邀請函及訪談大綱了吧？」交換完名片後，這是越志見到老闆時的第一個問題，也是問候語。

　　「有、有，請坐。只是不知道我們可以幫上什麼忙。」緊接著說：「你們先坐，我請『兄弟們』出來。」Q 背脊突然涼了一下，仙蒂則臉色發青。

　　如坐針氈 3 分鐘後，他們兩人看到 5 位年輕男性魚貫走進。還好，手裡都沒有拿棒球棍。看起來的確都不是江南四才子型，但，也並非凶神惡煞型。就一般人。

　　其實，為了這產業的訪談，Q 捨棄西裝，特地穿了有徽章的飛行夾克及牛仔褲，試著要融入這產業。跟受訪者建立親密

感，是訪談的重要一步。這個在幾年前高強專案上，Q 就從呂成寶身上學到了。而服裝的同質性，是建立親密感的第一步。

「我們公司，是由我們 5 人共治的！」剛剛交換完名片的大哥吳明昌在大家都坐定位後，開始介紹自己及在場每一位兄弟。原來，3 人是親兄弟，2 人是結拜兄弟。

對 Q 而言，剛從檳榔攤從業人員聽到「公司」兩字，感覺還蠻怪的。但隨著大哥述說著公司是如何從阿公時代的一個小檳榔攤、爸爸時代的擴張，到交棒 30 家連鎖店給他們兄弟，也就習慣了。原來，連鎖檳榔攤如果不叫「公司」，就會叫「體系」。

整個訪談進行的很順利。八成店面是 24 小時營運、30 家店都是直營店。品類營收分佈，檳榔佔了大約 45%，香菸佔了 25%，洋酒只佔 5%，其餘是飲料。雖然認為檳榔產業整體發展會往下，但公司還在持續擴張店面中。

公司管理上，相當依賴資訊系統。店面都有使用 POS 機（point of sale，銷售時點情報系統），每一筆銷售都清楚記錄。線上請假、線上排班，聽得出來正濱檳榔公司很現代化。也說公司績效制度，是採「加法管理」：例如，檳榔門市小姐在擦玻璃、門面乾淨維護上都有做好，考核通過了，就可以領獎金，而不是「沒擦玻璃就扣錢」。

此外，他們還有很獨特的留才方式。正濱檳榔會讓資深門市小姐成為新開設店的店長，並鼓勵店長參股，成為連鎖檳榔攤公司股東。這基本上是讓員工創業，共同分享經營成果的概念。

越志在科技業偶會看到台灣原廠鼓勵有創業家精神的員工到外面成立經銷商，販售原廠產品。這兩種創業的型態不同，但都是邀請原本有心想要離職創業的員工，與原公司共同打拼。這種鼓勵創業的模式，也是避免自己的員工成為競爭者的一種方式。

但從 Q 的角度，最特別的是「圓桌武士共治法」。5 位分別是：大哥負責資訊管理、老二負責人資與財務、老三負責公關、老四負責運輸、老么則負責向檳榔「行口」及菸酒飲進貨。所謂行口，就是指檳榔農民跟檳榔攤之間的通路，如盤商、批發商。他們 5 人各司其職，重大決策則採共識決議。

7 年前爸爸剛交給他們 5 位時，是每個人分別管理 5 家店，那時候共有 25 家分店。負責人資的老二說：「常有爭執。我們 5 人每個人管理風格不同，門市小姐會比較其他店的福利，當時小姐就很難帶。爸爸會在每次兄弟吵架後找大家談話。後來有一次，提出每個人個性不同，可以有不同的工作內容。於是，就轉變為現在這種功能別的管理方式。」

原來，爸爸是管理好手。仙蒂給了個封號：「檳榔界的彼得·杜拉克！」

甚至跟越志說他們的願景是成為單純的股東，公司未來想交給專業經理人。這 5 位平均不到 40 歲的圓桌武士們，居然已經在思考接班的問題了！

之後越志切入重點：酒商的行銷活動。他們提到都非常樂意配合，甚至也願意由正濱檳榔出資跟酒商共同辦理。若原廠

願意給夠高的行銷獎金，也會主動給小姐更高的獎金比例。

　　出乎意料地，他們居然知道門市小姐普遍不想要賣酒，因為擔心會打破。於是，也提出會考量實際情況，斟酌由公司支付大部分打破的費用。

　　訪談過程中，Q 可以感覺得出來這家檳榔攤的管理制度很上軌道，5 位決策者也很清楚員工的想法。平常溝通應該很足夠。而且在互動過程中，也可以感覺得到 5 位彼此都尊重彼此的專業，互信度高。

　　越志後來問一個消費者視角的問題：「相較於便利商店，消費者為何會到檳榔攤買洋酒？」每天跑外面，負責公關的老三：「便利商店優點是有發票，我們的優點是免下車！」

　　這聽起來是一家正派經營的檳榔攤，而且還是一家很有抱負的公司。老大最後說：「從事這一行的多是社會邊緣人。年輕人對檳榔還是會聯想到色情、暴力。我們想改變社會對這產業的刻板印象！」

　　訪談結束，兄弟們的媽媽也剛好開門進來。兄弟向媽媽說明訪談目的後，媽媽說：「哇，顧問耶。可不可以請教顧問，未來我們可以投資什麼？」Q 跟仙蒂含糊帶過。但圓桌武士們的媽媽這麼問，似乎也代表檳榔業者自己並不看好檳榔長遠的事業前景。

　　這是第一次對業主的訪談，也是場順利的訪談。離開前，「圓桌武士們」還勾肩搭背地跟 Q 合照。仙蒂站在最右邊，當然沒有搭到肩。否則，花媽會害怕。

第四回

黑道老大！！！

　　在正濱檳榔談完後，仙蒂向 Q 說自己對檳榔業的誤會真是大了，想不到連鎖檳榔業管理這麼到位，還很有創意地鼓勵員工創業。她還說之前在法國讀書時，台灣人在路上吐檳榔汁的形象聲名狼籍到全歐洲去了。同學聊到時，自己恨不得挖一個洞跳下去。下一次一定要跟同學好好地說明台灣檳榔業者先進的管理文化。

　　Q 沒潑她冷水，畢竟仙蒂生長的環境檳榔攤不多。但他心裡清楚知道，全台灣像正濱這樣的模範生，一根手指頭就數得出來。之後密集訪談其他家，證明他的生活經驗正確無誤。

　　桃園市「有夠讚」、新竹竹東「好口味」、台中市「粉味」、彰化市「龍神」及屏東市「金好呷」，幾乎每一位老闆自己都有吃檳榔，因此在訪談時，他們都是「紅唇族」。

　　老闆們的態度都很隨性。當被問到是否收到訪談大綱時，「那是什麼東西？」是最多人說的；比較進入狀況的會說：「有

說顧問會來找我聊聊。」因此,面對每一位老闆,越志幾乎都會從頭說一遍訪談目的。

他們也都是管理權集中的檳榔公司。雖然都有自己一套管理體系的方式,但都不如正濱檳榔那樣的系統化。不過,越志從他們身上也獲取不少重要產業資訊。

這行業,沒有在刷卡的。每天,各門市人員都會拿他們稱為「營業額」的現金給老闆。他們身上常常身懷鉅款。

這行業很缺門市小姐,如果小姐外貌出色,很容易轉行去當直播主,因此老闆會使用各種管理手法來留人才。雖然老闆們普遍教育程度不高,這行業也不以「選訓用留」這種人資界常談的人才模式進行管理,但也頗有創意。

除了正濱會讓員工創業,有些連鎖體系也會。如果原公司也有做檳榔批發,新店跟原公司的合作模式之一常是:向原公司進貨檳榔。還有老闆會設計員工國外旅遊計劃,讓老闆娘帶門市小姐 5 天 4 夜出國行,老闆自己看店。

這行業的老闆普遍有「土性」,但因為自己也是辛苦過來人,讓他們更有「人性」。一位看來失婚、失業的女性在某個下雨天來到「龍神」店門口問老闆娘:「我需要錢,你們有缺人嗎?」結果,這位員工一待就是 10 年,即使外面有工作機會,她也要留下來報恩。

幾次訪談,有些一見面就直爽地問:「你們抽不抽菸?」邊說還邊將菸遞過來。「喔,我們沒抽,謝謝!」是標準回答。接下來他們總會說:「那你們介意我抽嗎?」標準答案是:「我

們不介意！」即使第一位這樣訪談 2 小時後，Q 跟仙蒂都覺得快罹癌了。第二位這麼問，他們也不敢拒絕。畢竟在人家場子，也擔心老闆們沒抽菸講不出話來。

比較特別的，是屏東的「金好呷」。到總店一坐下來，老闆就從整包檳榔拿出一顆遞給仙蒂。仙蒂整個人嚇一大跳：「老闆謝謝，我沒有用！」然後就將這顆包葉檳榔往自己嘴裡丟，邊咬邊說：「我一天吃 100 多顆。」

Q 掐指一算，扣除睡覺 8 小時的 16 小時裡，他每小時吃 6 顆以上，意思是至少每 10 分鐘就吃一顆。他一邊接受訪談，孫子一邊在旁邊睡覺，感覺是想讓孫子潛移默化的在未來接班。如果這產業還在的話。

這行業老闆比其他行業多一味：「江湖味」。是有些人不想親近、也不敢靠近的那種型。最明顯的，是總部位於三重的「老爺連鎖檳榔攤」。

Q 跟仙蒂在對面觀察 15 分鐘。入口處上方約 10 公尺長的紅色橫幅招牌上寫著「老爺檳榔」四個大黑字，還有一個直立式招牌一樣寫著「老爺檳榔」，跟橫幅那四個字成直角。而在直立式招牌上，插著 7 支幾乎每家檳榔攤都會有的孔雀開屏式 LED 燈管。讓來往車輛從遠方就可以知道：這裡有賣檳榔。

屋外入口處，有 4、5 個散落的飲料紙箱，旁邊還有一包不知道裡面包著什麼的藍色塑膠袋。一位小姐坐在屋內，正翹著腳在包檳榔。看來應該在追劇，眼睛直視著手機。包檳榔小姐的正後方，有兩台大型冰箱，熱炒店常見到的那種，裡面冰著

許多種類的冷飲。

　　手錶上顯示「13:55」，沒有明顯異樣後，兩人過了馬路來到門口。隨即碰到一位皮膚黝黑、平頭的中年男子。心想這位應該是老闆於是表明來意，卻說坐在裡面辦公桌旁椅子上的那位才是老闆。而他，看起來也才不到 30 歲！

　　走進後，依著顧問 SOP，將可以拿出的最佳笑容從心底傳到臉上，並伸出右手：「你好，我是越志游品蔚，這位是我同事洪仙蒂。」卻熱臉貼到冷屁股，他沒打算要握手：「你們在外面等一下，我才要吃飯。」老闆面前，是擺著一顆便當沒錯。但現在是 1 點 57 分，難道老闆要在 3 分鐘內將這顆便當嗑完？

　　「等多久？」回到外面等待時，仙蒂問。

　　「不知道。」Q 回答時，眼睛看著在包檳榔的小姐，以及她背後冰箱的冷飲。

　　看來現在沒有人要理越志就是了。即使越志很專業地在約定時間前 5 分鐘出現在老闆面前。而現在是 2 點 5 分，兩人卻在外面淋著小雨。

　　曾經聽一位越志在德國的合作顧問說過以下事情。在德國的啤酒店喝啤酒，服務生倒給你的啤酒是精準的 ml 數；而跟德國人約時間，於約定時間前 5 分鐘出現是最專業的展現。不只是在商業上，就連跟朋友約也是一樣。

　　看來，老爺檳榔老闆沒有聽德國人講過這故事。本案至今，大部分老闆都還算尊重傑森跑步安排的顧問。但現在的 Q，卻明顯覺得不受到尊重。訪談至今，從沒發生過這情況。

雖然也有點納悶，但他心裡真正在想的是：「難道這位就是江湖中傳說的那種檳榔界黑道的樣貌？」花襯衫、黑褲子，頸部帶著粗粗的黃金項鍊。面容，倒不是印象中那種典型黑道的凶神惡煞，反而有點帥氣，只是沒有笑容在臉上。

　　約莫 15 分鐘過後，從對街看到老闆已經吃完便當，卻沒有立刻來搭理他們，反而持續將他們倆晾在外面，整理起店內黑色大網籃中的檳榔寶貝們。

　　「現在是怎樣？」仙蒂覺得很納悶，「怎麼吃飽了也沒立刻要談？」此時已經過了約定時間 20 分鐘。她問：「我們是否過去跟老闆問一下？」

　　「不要，」Q 說。「等他來請我們。」

　　5 分鐘後，剛剛門口那位中年男子終於來請了。

　　走到老闆坐定的桌子旁，看他嘴裡刁著一根香菸。

　　「你們今天來是要幹嘛？」眼睛一邊看著在點的香菸，一邊沒好氣地問。這時 Q 跟仙蒂才準備要坐下來，明顯感受到很不友善的語氣。

　　老闆面前是大型木頭桌，桌上有一台電腦。他的座位後方有一塊大白板，上面不是寫幾月幾號要做什麼事，而是密密麻麻寫著「幼葉 90；多葉 160；幼菁 190；多菁 250；長壽 9600；七星 5250」等看不懂的文字跟數字，但沒有寫酒。

　　「老闆，你喝不喝咖啡？」Q 問：「我想買你們冰箱的咖啡。」也不等老闆回覆，就站起來走向冰箱，拿了 2 罐冰拿鐵，給小姐 50 元，再坐回座位。老闆表示不喝，他將一罐放在仙蒂

桌上。

　　Q一邊拉著罐裝咖啡拉環，一邊問老闆：「請問有收到訪談大綱嗎？」

　　「那是什麼東西？」

　　「好，沒關係，我請同事跟你說明今天訪談的目的。」Q感覺到，自己跟仙蒂對老闆而言，是個很突兀的存在。

　　之前訪談業務跟經銷商時，他們都曾經提過跟老爺檳榔在交易上鬧得不愉快。但因為它的店數有25家，算是當地重要的通路，又不能跳過。「這根本是黑道老大的店吧！傑森跑步是不是自己的業務跟經銷商不敢踏進來，因此派越志來探個虛實？」仙蒂在說明時，Q心裡想著。

　　有意思的是，在仙蒂說明今日越志來的目的後，「那你們就問，我可以講多少我就講。」老闆的態度就比較……不能說是和善，但至少臉上的線條，感覺上就沒有那麼的拒人於千里之外了。

　　「先給老闆我們的名片。」兩人將名片都遞給了老闆後，眼見老闆一直在端詳越志名片，卻沒有要拿名片出來交換的意思，於是Q：「也可以跟老闆請教一張名片嗎？」

　　這個在商場上再平常也不過的一句話，之前每位檳榔攤老闆也都有給，得到的回覆卻是：「喔，我沒有名片，我很低調的。事實上，傑森跑步的人也不知道我是老闆，以為是我爸爸。但3年前我爸就交給我了。」

　　「為何那麼低調？」

「我爸媽跟我說：『做檳榔的，沒有一個是好咖的。』要我低調一點。外面沒有一個人知道我是老闆，我朋友都以為我是混黑道的。」

　　「那請問老闆名字？」

　　「我姓邱，名字不方便告訴你們。」一說出這句，Q 心裡 OS：「你最好不是混黑道的！」

　　不過話說回來，如果是混黑道的，當初為何答應要接受訪談？

　　「好，邱老闆，那我們接下來先簡單介紹越志公司後，就開始今天的訪談。」Q 覺得眼前這位年輕老闆還沒卸下心防，於是打算先讓他知道越志公司的來歷，以取得信任。於是就打開筆電，自己花了 10 分鐘介紹。

　　分享完後，整個氣氛就有了明顯轉變。

　　當問到老爺檳榔創立起源時，邱老闆開始侃侃而談爸媽創立老爺時的辛苦。

　　當聊到檳榔產業的未來時，他也跟其他老闆看法一致，覺得未來的檳榔產業不行，因此自己也在做其他準備。本以為會聽到房地產投資之類的，但他卻說自己在準備室內設計師考試。

　　可能是剛剛聽了越志公司介紹，瞭解到越志的服務對象各行各業都有，還特別請教越志，室內設計師這行業是否有未來、自己走這條是否適合等等。Q 在這些年的顧問職涯裡，還真的跟室內設計行業深入接觸討論過，於是他很熱心地分享所知道關於室內設計行業的一切。

從他眼中，這時坐在眼前的邱老闆，就跟來請教他職涯發展的年輕人沒有什麼兩樣。談到這裡，他知道妥當了，也已經清楚邱老闆願意說真話了，於是就開始佈局切入正題。

　　「你們跟傑森跑步之前有過行銷合作嗎？」越志從業務跟經銷商那邊已經知道答案是「沒有」，但這個問題是為了鋪墊下一題。同時，也要讓自己保持客觀，要從不同角色聽取他們對同一件事情的看法，以及背後的原因。

　　「沒有。」果然沒錯。

　　「為什麼沒有？」Q 緊接著問。

　　「什麼意思？傑森跑步有什麼行銷活動？」

　　「你不知道他們的行銷活動？」Q 有點意外，接著說：「他們有來跟你們談，不是你們不加入嗎？說是誘因不足，又要查點，覺得被綁住。」所謂查點，是指雙方一旦合作，傑森跑步的業務人員會來檳榔攤查看銷售情況。

　　「沒有啊，沒有人來跟我講啊！」

　　於是 Q 開始解釋傑森跑步的行銷活動內容，以及對公司、老闆個人以及門市小姐有哪些好處。邱老闆一聽完兩眼睜得開開地：「趕快叫他們跟我聯絡！」

　　不需要其他資訊了，單單這一點的突破，越志就已經對傑森跑步及老爺檳榔創造互利互惠的機會了。之後，當然就是很順利地訪談完，3 人還一起開心地拍了一張合照。

　　最後邱老闆說：「這照片不要傳出去，」他再次強調，「我很低調的！」

他們倆異口同聲：「那當然！」其實 Q 心裡想的是，「照片傳出去我還怕被砍哩！」

訪談結束走出來大約 100 公尺，仙蒂才深吸了一口氣：「剛剛一開始好緊張喔，我還想說他的抽屜裡面搞不好有放一把槍。如果談得不開心，就掏出來！」

「真的，」Q 也如釋重負般地說：「他真的是很有黑道老大的 fu，好像電影《艋舺》裡面走出來的角色！」

邱老闆是不是黑道，Q 不知道，但他自己覺得，今天交到了一位朋友。一位下次再來訪時，會請他喝免費罐裝咖啡的朋友。

總算，在老爺連鎖檳榔攤老闆訪談結束後，所有內、外部工作都已經結束，接下來就是彙整出所有策略洞見，向傑森跑步的主管進行口頭報告。

經歷過所有連鎖檳榔業主訪談後，Q 打從心裡為之前傑森跑步找的市調公司抱屈：「這工作，要跟牛鬼蛇神鬥，真不是人幹的！」

‖ 第五回 ‖

檳榔攤達人

「各位，這就是本案的結案報告架構。」Q 在螢幕上打出。

結案報告大綱

1. 國內連鎖檳榔店門市人員工作型態探索

1-1 連鎖檳榔攤的消費者輪廓與購買行為

1-2 門市人員工作型態 & 內容

1-3 門市人員參與酒商行銷活動之動機探討

2. 國內連鎖檳榔店行業探討

2-1 連鎖檳榔店現有經營模式與通路生態

2-2 連鎖檳榔店經營的挑戰與機會

2-3 連鎖檳榔店行業發展趨勢

3. 酒類在國內連鎖檳榔店的挑戰與機會

結案報告的彙整，是由 Q 提供報告架構後，讓仙蒂先將資訊歸類，並進行內容分析。之後再根據第一版內容跟她討論，不足之處再增修。仙蒂在此過程的工作內容，就有如他之前在高強專案的角色一樣。仙蒂可以從過程中學習分析與歸納，而 Q 也會在過程中以系統性思考的方式，帶著她討論，進行產出。

　　結案報告，原本只打算邀請「策略發展暨市場行銷」部門副總與會。但 Allen 跟主管討論後，發現專案許多觀察若由越志親自向業務團隊報告，他們的收穫將更為直接且深入。因此，最後變成連業務副總、各區主管及業務團隊全部到齊。期盼藉由越志的分享，掌握第一手資訊，以作為後續業務團隊成長策略擬定的參考。

　　這種案子，就是當年如梅跟 Q 提過的：「越志自己做了95% 工作內容的市場研究型專案。」即使是過程中曾經參與焦點團隊訪談的 Allen，至今也還沒有足夠時間完整掌握報告內容。

　　結案報告架構打在螢幕上後，Q 問在場所有人：「請問檳榔除了台灣人在吃，還有其他地方嗎？」

　　一位主管：「就只有台灣吧！？」

　　Q 用雙手在空中比了一個叉：「不只有台灣。馬來西亞、越南、印度也有。前幾天看一部電影，原來享有世界最幸福國家美譽的不丹，也有！」

　　「第二題。全台檳榔攤數目有多少？」Q 繼續出題，將現場當作「百萬小學堂」般，考著在場的所有學生。

　　1 千、2 千都有人猜。「答案是 4 萬！」現場一陣驚呼聲。

「之前根據農委會 2008 年統計，甚至達到 40 萬個檳榔攤。現在減少許多。」

「第三題。」看到大家檳榔產業知識落差這麼大，Q 越出越高興。「全台檳榔產業相關的從業人口有多少？」

有人說 3 萬，也有人說 5 萬。「答案是 100 萬。之前農委會資料是超過百萬，估計現在檳榔攤減少後，這數字至少也還有數十萬人。」

在這 3 題都答錯後，所有人就更期待這次的報告內容了。因為發現自己對檳榔攤真的很不瞭解。這也就是 Q 的目的。

整場報告進行得非常順利。當初接受訪談的業務團隊，瞭解到比 2 個月前受訪時還更正確、更完整、也更深入的資訊。更不用說業務副總及策略發展暨市場行銷副總，在報告中驚呼連連，點頭如搗蒜，收穫更是大！

在結案報告最後一頁：「未來跟連鎖檳榔攤合作的重點：簡單且直接。」Q 提醒著業務團隊。接著說：「不論是行銷活動、獎金設計、交易流程，都以『簡單且直接』為原則就對了！」接著跟在場大家分享檳榔攤門市小姐的意見，以及從基隆的正濱檳榔到三重的老爺檳榔一路以來跟老闆接觸的觀察，加深大家對這項建議的印象。

最後，業務副總說：「很謝謝你們精闢的分析，真的是讓我們徹徹底底地瞭解檳榔業。你們兩位大概是現在全台灣最瞭解檳榔產業的人了！以後如果有類似的專案，可能會再麻煩你們了！」

至此，專案正式結束。Allen 在送他們兩人進電梯時，除了再次謝謝越志於本專案的專業服務以外，也向 Q 說：「欸，下一季比賽我已經報名囉。時間記得空出來！」

「Yes，sir！」Q 給了一個大大的敬禮，電梯門隨即關了起來。

步出位於台北市信義區傑森跑步辦公大樓已經是下午 5 點了，天色已經昏暗。再過 2 天就是耶誕節，街區裝飾的歡樂氣氛加上順利結案，讓兩人帶著愉快的心情走向市府捷運站。

「真棒，客戶給我們的回饋真正面！」仙蒂邊走邊說著。

「嗯，這都要謝謝妳在過程中的專業協助啊！」

「哪有，這都是你的專業好不好。我只是在旁邊打雜的。」

「打雜的？」Q 特別拉高音量，也皺著眉頭專注看著仙蒂：「妳知道在企業中，誰最常說他是在打雜的嗎？」

「誰？」仙蒂睜大眼睛。

「總經理！」

「真的假的？」

「真的。因為他們的英文職稱常是『General Manager』，直譯的意思是『一般經理』。不像『研發經理』、『財務經理』各有其功能性專業，一般經理聽起來就沒什麼專業。所以每當我恭喜客戶總經理公司有好表現時，他們常回答『我同事比較厲害，我只是打雜的。』」

「怎麼這麼好笑！」仙蒂第一次聽到這種說法。

「對啊，總經理！」

「沒有、沒有，」Q 一說完，仙蒂趕緊用雙手在空中交叉揮動。「唉呦，你不要開我玩笑啦！」

「好啦，不鬧妳了。」Q 習慣反思，也想帶著仙蒂思索。「問你喔，寶貝藥業跟傑森跑步這兩個案子你都參與過。你有什麼感想？任何想法都可以。」

「嗯，我有想過耶。」Q 就是欣賞仙蒂很會思考。她說：「**我覺得這兩家公司都很不簡單，願意將市場研究當作是未來業務成長的投資，而不單單是費用。**我之前聽你們說，台灣有許多公司在做決策時，老闆拍拍腦袋就做出一個決定了。」說到這裡她還拍了一下自己腦袋。

接著說：「但這兩家都是為了 5 年後的業務成長計劃，特別撥出一筆預算，委託外部顧問公司。而且，傑森跑步已經是第二次委託同類型的案子了，更是佩服。」

「嗯，還有嗎？」Q 想聽聽看仙蒂的其他看法。

「以上是相同的部分。不同的部分，是傑森跑步的人，在市場情報這個領域的管理語言跟我們越志比較接近，彼此討論都是專業語言。而寶貝藥業行銷部門的人，比較是偏向市場溝通的行銷，在市場情報上的專業比較不夠。不過，這也是他們需要我們的另一個原因——建立市場研究的方法！」

「嗯，很好。那妳會後悔加入這個案子嗎？」

「不會，很開心啊！」仙蒂帶著笑容說：「還好你有找我進來耶，要不然，就少了一個認識全台最多通路產業的機會了！」

在執行完這個對 Q 是「既熟悉又陌生」的檳榔攤產業專案後，明天就是 12 月 24 日耶誕夜了。他一想到要跟瑪莉去吃聖誕大餐，今天晚上就利用時間將反思內容寫下來：

1. 許多台灣公司的行銷都是規劃展覽及活動而已，若更多公司擁有類似傑森跑步「策略發展暨市場行銷部門」這樣的組織，事業成功機會一定更大。以後要多跟客戶分享這種組織在公司內的重要性。

2. 傑森跑步果然是國際大公司，懂得思考利用全台檳榔攤這個通路探索業務成長機會。有沒有哪些公司也適合運用檳榔攤這個台灣特色通路？

3. 看到仙蒂當初承接此案的猶豫，我是可以感同身受的。未來在越志需要業績的情況下，如果檳榔攤業者直接委託越志「如何促使消費者吃更多檳榔研究案」，我應該接案嗎？

4. 寶貝藥業跟傑森跑步兩家公司都願意將聘請外部專業顧問及市場研究當作是未來業務成長的投資，而不單純只是視為費用。這是這兩家可以成為國內、外上市公司的因或是果呢？

第七章

創業幫幫忙

游品蔚：

「財務型投資者，是以離婚為前提的結婚；策略型投資者，是以結婚為前提的試婚。」

‖ 第一回 ‖

6 步驟陪伴式諮詢

「瑞士洛桑管理學院 IMD 出過一份世界競爭力報告，說台灣創業家精神是世界 No.1。有一次我在清華大學聽哈佛管理教授 Dr. Clayton Christensen 演講。他說：才到台灣 2 天，幾位跟他交換名片的人介紹自己於某公司工作後，會從口袋再拿出另一張名片說：『這是我即將成立的公司。』他說台灣人跟日本、韓國人相比，真的很有創業精神！」台下創業家笑著回應。

台上身著非正式米色西裝外套、白 T 恤、牛仔褲，腳穿籃球鞋的主講者說著。

由於政府大力扶植新創公司，有不少執行政府創業計劃的單位會邀請擁有豐富經驗的越志顧問群前往演講。這場演講，已經是 Q 個人累積的第 100 場公開演講了。今天講題是：「願景，決定你的未來！」地點是在台北國際會議中心的國際廳，現場有近千人。從台上望去，大部分聽眾是介於 25 到 40 歲之間。「果然都是年輕創業家！」Q 心裡想著。

「台灣科技有多強？我說一個故事大家就知道了。」Q 繼續為台下創業家打氣：「有一位東京大學醫學部附屬醫院眼科教授很哈台，休假期間來到台灣旅遊。某日在台北忠孝東路上走著，突然看到一個寫著：『左眼科診所』的招牌。他心裡一震：『果然，台灣的科技已經超越日本！眼科技術居然已經細緻到可以分成左眼跟右眼這兩類了！』」

在大家的笑聲跟掌聲過後。「事實是，在 2018 跟 2019 這兩年世界經濟論壇評比台灣為全球四大超級創新者，另外三個為德國、美國、瑞士。各位新創事業家，也是貢獻者！」有許多台灣創業家是因為有了高深的技術而創業的。

「最後，我知道有很多人在找資金。因此我想送各位這一段話：

創業，就像開車自助旅遊一樣，找加油站（資金）只是過程。別忘了隨時看地圖（定位）、注意儀表板（公司資源），並享受令人驚嘆的綺麗風景（創業過程的酸甜苦辣）。最重要的，是不要忘記你的目的地（創業初衷）。」

演講完畢，現場響起了如雷的掌聲。

緊接著而來的，是「新創獲投歷程高峰論壇」。在主辦單位規劃下，越志協同兩家客戶共同進行深入對談。由於這兩家都是 Q 擔任主持顧問個別提供諮詢超過 6 個月的案例，因此論壇的對話深入，甚至兩家新創有不少創業的酸甜苦辣，也被 Q

挖出來分享。

在 Q&A 的最後，現場一位穿著黑色西裝外套，帶著黑框眼鏡的朋友舉手：「游顧問，我很直接請問你。你沒有創業經驗，怎麼敢擔任新創業師？」整場活動原本都很順利，直到這個問題提出。

剛開始是一片靜默，大家都感覺到這位提問者似乎是來踢館的。後來時間一秒一秒推進，都沒有人講話，台下來賓逐漸騷動，兩客戶也尷尬地看著 Q。最驚訝的是仙蒂，從沒看過越志資深的顧問被這樣嗆過。

大約有 30 秒，現場 1 千人都不知道接下來會發生什麼事。只見 Q 從椅子上緩緩地站了起來。

「原來，骨折過的醫生，才可以是好的骨科醫生。」他看著國際廳高聳的天花板，故意做出思索狀，並從嘴裡輕聲說出這段話。這是他幽默以對的方式，台下不少聽眾鼓掌叫好，還有人針對這段妙答吹了口哨。

緊接著，他將眼光轉向這位戴著黑框眼鏡的發問者。「這位朋友的問題很好。我其實也曾經這麼質疑過自己。」緊接著說：「我來分享一則故事。」此時的 Q，是帶著笑容的。

「Sherm Chavoor 曾經是美國奧運游泳隊教練，在有一次團隊拿到金牌興奮之下將教練高舉後丟到深水區，結果發現教練怎麼越來越下沉，才驚覺原來他們奧運金牌游泳教練不會游泳！」說到這裡，Q 自己眼睛撐得大大的，並將右手外翻：「很扯吧？」

停頓了 3 秒。他繼續說：「好啦，問題來了。游泳教練不會游泳，那他教什麼呢？這絕對是你我第一個浮現的問題。我老闆跟我說，Chavoor 非常懂得激勵人心。」

　　「我老闆黃豔文之前擔任慧普副總時，總部為了讓全球各分公司未來接班人更上一層樓，在夏威夷舉辦了一段時間的培訓，講者都是全球一時之選，Sherm Chavoor 就是其一。他跟我形容當時一聽到 Chavoor 親自講述這段落水往事時，下巴差點掉下來，因為這絕對不是一般人能想像的！而他就是在教頂尖選手想像『拿到冠軍那一刻』，藉此去『熟悉成功的路徑』。」

　　「因此，教練要幫助一位選手，是可以從不同角度切入的。重點在：『你是否可以看出當事者的盲點。』Chavoor 發現，這些頂尖選手決勝的關鍵，就是「心理素質」，而非『技巧』。」

　　「大學企管系教授，不需實際擔任過企業高階主管也可以幫助許多企業家，因為經營管理的架構是企業家的『盲點』，這是許多政大企家班學長親口跟我說的。就我所知，許多骨科醫生也沒斷手斷腳過，他們也可以協助患者開刀直到康復。」大家笑了出來，現場氣氛緩和了。

　　「因此，親身體會，並非是教練唯一的價值。越志 10 年多來，協助小型到大型企業過程中，深切瞭解到一家企業在發展過程中的成功路徑需要具備的條件。我們的顧問，可以看出新創發展的盲點，不論他是否創業過。」

　　「因此，」Q 做了這個發問的結論：「在我們越志，沒有創業過的顧問也是敢擔任新創業師的！」

看到這位黑西裝、黑鏡框的朋友逐漸展露笑顏，他順勢問：「這樣有回答這位朋友的問題嗎？」他點點頭。活動也到此結束。

現場聽眾很有感，大約有 30 位朋友擠到台上想來認識 Q。

每次在這種大型演講完，總會有不少聽眾朋友想來交換名片。講者一般都很樂意，越多人想來交換，代表越多人肯定演講內容。來者大概可分成以下幾類：第一類，單純來認識講者，不期待後續的聯繫；第二類，當場提出後續想跟越志合作；第三類，直接表明想要請 Q 擔任諮詢顧問。

還好有仙蒂在現場，畢竟 30 位朋友，他會應接不暇。何況有些朋友排在後面，見前面的人跟 Q 聊得起勁，也不好意思打擾，這時就會將名片給仙蒂。仙蒂從旁協助跟第一類、第二類的朋友認識、交換名片。

其中，有 5 位新創創辦人當場向他提出自己就是需要如演講中提到的「陪伴式諮詢」。這是 Q 近年來協助上百家新創公司後，自己所開發出來的一個服務架構。

基本概念就是在一段時間內，根據這 6 個模組內容，以每 2 週 1 次模式，提供新創諮詢服務。2 週 1 次，是他抓出的甜蜜點。1 週太頻繁，會打擾到新創團隊的運作，而 1 個月又太長，當初科學市集的廖才學、許智永就是這麼覺得。陪伴時間的長短，則是跟新創團隊的需求有關。科學市集是新創小白，陪伴 1 年左右；而做 AI 的張力，則只是針對募資策略這個項目，當初只花 3 個月。

6 步驟陪伴式諮詢架構

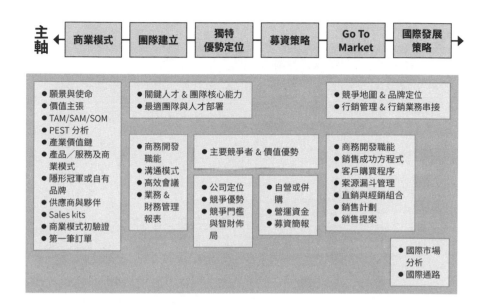

Q 知道自己無法一次接這麼多案子,畢竟正在 1 家上市公司執行大型專案及提供諮詢服務給 1 家新創企業。但他也知道這種場合,總是會有潛在客戶出現。他在來演講之前看了未來 6 個月的行事曆。心想:「自己最多只能接一案,其餘的要交給同事。」

現在有 5 家希望導入越志的「陪伴式諮詢」。這是個 good problem。

衝最快的是綠淨公司創辦人森用林,他身旁還有一位先生。

理工背景的森用林跟 Q 之前就已經認識了。綠淨曾經進駐「X 軸加速器」，該加速器曾邀請 Q 擔任講者談過「商業模式」。當時森用林對他很有印象。今天聽完演講後，就想要 Q 擔任他的貼身教練了。由於之前互動過，Q 答應會到他們公司再細談，之後他們兩位就帶著笑容離開現場。

緊接著，是一位身材高挑的女子，很像電視上走秀的那種模特兒，腿很長，穿著超短裙及高跟鞋。「哇，大概有 172 公分吧！」Q 心裡想。這是他第一次在這種新創場合看到這麼豔麗的人。名片上寫著「模伊公司創辦人汪小婷」。一聊，她還真是台灣最大模特兒公司出身的人，現正在創業。

再怎麼說，他也就是一般人。一位九頭身美女站在面前，心裡很難不起漣漪。除了身材姣好，她還長得很像一位明星，只是一時想不起來。當下，Q 不是聽得很清楚她說的商業模式。也不知道是她說不清楚，還是她的身材讓人無法專心。因為後面還有許多位朋友在排隊等著交換名片，因此說：「我再找一天去拜訪妳。」

「好喔，你一定要跟我約喔！」模特兒輕柔地說，手還輕輕碰了他一下。

已經答應前兩家了。他於是跟後面交換名片的公司都說「我們」越志會再跟你聯絡，不敢再說「我」會跟你聯絡了！

想不到一場活動下來，這麼多位想要找越志及 Q 服務。這令他始料未及。現在的他，思考的是綠淨跟模特兒，要怎麼談下去。其他 3 家，必須安排同事跟進了。他多年顧問經驗下來，

知道只要他願意，這兩家都可以簽約合作，只是，他沒有這麼多時間。看來，只能挑選一家來服務了。

問題是，要挑模特兒，還是理工男？

模特兒與理工男的選擇

　　演講過後 2 天，因為森用林的積極安排，Q 跟仙蒂就來到了位於桃園的綠淨公司，跟他及共同創辦人碰面。

　　果然，綠淨公司談得很順利。雙方針對公司的管理需求及合作細節初步對焦、有了大方向後，很快達成共識。幾乎是 1 小時內就敲定了陪伴式諮詢服務的內容。雙方是採開放式合約，也就是客戶隨時可以喊停。他初步判斷，本案應該要陪伴 1 年以上的時間。

　　「那模特兒公司接不接？」Q 在離開綠淨公司後，腦袋中轉著。有句話說：「小孩才做選擇，我全都要！」但此時的他，不大敢這麼做。

　　仙蒂完全不知道他心中的掙扎。從她角度，當然是這 5 家表達想要 Q 擔任陪伴式諮詢顧問的業主都要服務。後來 Q 跟她說明接下來 6 個月所有手上正在執行的專案內容後，仙蒂才體會到他的分身乏術。只是她以為，至少森用林跟汪小婷的公司

都可以接。

　　諮詢輔導案跟訓練案不同。訓練案，講師這個月沒時間，可以調整到下個月，因為通常不急。但諮詢輔導案，一定是有痛點了才會找上門。而現在 5 個火燒屁股的案子，已經有 3 個案子請其他顧問負責了。現在這兩個案子，不是自己全部接，就是要有一個請其他顧問接。

　　Q 自己當然知道為何會有此困擾，這並不單純只是表面上的時間因素而已。

　　理性上，他不能接，因為沒時間。現在的他，連週末可以拿來陪瑪莉的時間都很少了。但感性上的他，還是想多「接觸」模特兒，不論是什麼形式的接觸。誰不想要有一個模特兒客戶，這可是可以在兄弟間說嘴的案子啊！

　　逆光下，她穿著白色幾近透明薄紗。透過白紗，可以看到身體的全部輪廓。她從窗戶邊慢慢地走向坐在床上的自己。靠近後，她將修長雙腿跨坐在自己腿上，雙手環抱脖子，並將塗著口紅的小嘴靠近耳朵輕輕吹氣……。

　　突然間，Q 醒了過來。位於中和南勢角 10 坪大房間內，老式電風扇還在轉著。透過白色窗簾，陽光散灑在房間各角落。原來是作夢！

　　他躺在床上好一陣子。然後，笑了出來：「哇勒，怎麼會夢到她啊！」居然夢到了汪小婷。

他在刷牙時，一邊看著鏡中留著鬍子、翹著頭髮，眼角還有眼屎的自己，一邊回想著剛剛的夢。他很坦然面對自己心境，很享受。他常跟瑪莉聊自己作夢的情境，尤其是夢中有瑪莉的時候。這個夢，死也不能講。不過，他下次跟好兄弟理查在燒烤店喇賽時肯定是會說的。

「好真實，尤其是在耳邊吹氣的感覺。」他越想，刷得越用力。一個不小心，紅色的泡沫滴到自己赤裸的胸膛上。最近太忙了，忙到都忘了去洗牙了，看來又有牙結石了。今天刷很久，但也逐漸在刷牙過程中理出一個頭緒了。

上班時間一到，他立刻打給仙蒂。

「早安，仙蒂。請問妳方便說話嗎？」他們兩人開會常使用鏡頭，但 Q 知道這時間點仙蒂不喜歡開鏡頭，因此只開啟聲音模式。

「可以呦，我才想要跟你確認模～特～兒～的拜訪時間。」仙蒂特別拉長模特兒三字，是因為當天看到汪小婷似乎對他有意思，故意鬧著他玩的。

「我就是要跟妳說這件事情。」平常的 Q 也會鬧著回應。但現在，他正經八百地說：「這個案子若談成了，就由妳執行。我會從旁協助。」

「啊，我執行？」仙蒂有點不敢置信。「雖然我跟著你執行過好幾次，但……。」仙蒂有點詫異，因此頓住，不知道該接什麼話。

「流程妳已經很熟了，管理工具也都看我使用過，現在就

只是差機會。妳要相信自己，我對你很有信心的！」Q是打從心底知道仙蒂有能力的。

接著說：「我初步研究過他們的商業模式，就是模特兒買的衣服都只有穿一次，之後就沒有再穿了。要賣賣不掉，堆多了，家裡空間也不夠。汪小婷想打造一個模特兒衣服的租借平台，越志一開始，要先協助界定：誰是客戶。」

「這我知道，當天聊過後我有上網研究過他們公司。可是我怕把我們越志的招牌搞砸了！」仙蒂是一位積極的年輕顧問，會先自己研究公司輪廓。Q從她身上有看到自己當年的影子。

Q知道，仙蒂只是需要前輩推她一把，就像豔文訓練自己一樣。另外，他心裡清楚，之所以會做「那個夢」，是因為自己鬼迷心竅。他以前有此經驗，知道台上專業又幽默的演講，台下的女聽眾有時會主動釋出善意。

若他擔任本案陪伴式諮詢的主持顧問，可能會擦槍走火，不論是主動或被動。他是愛著瑪莉的，不希望夢中情節發生。與其知道後續可能會發生難以收拾的情況，「不如現在就喊卡吧！」他在刷牙時看著鏡中自己就做了此決定。

沒給她太多拒絕的機會，半推半就之下，仙蒂也就接受了這項挑戰。

隔天，他們就來到汪小婷位於台北市南京東路的模伊辦公室。

「兩位顧問，不好意思，我們公司還很小，租用共享空間一個月才 2,500 元，對我們比較適合。」今天汪小婷化濃妝、

塗口紅，同樣是穿著短裙，腳踩高跟鞋，並掛著大圓耳環。就是一副精心打扮樣，看起來比論壇當天更漂亮。感性面的他，心裡又是一陣悸動。

「喔，不會的。」Q說：「共享空間使用起來很有彈性。」

接著汪小婷就開始聊著她以前光鮮亮麗的工作。

高挑、完美比例的身材當然是上天給予的禮物，但要做好模特兒工作，有它辛苦的地方。例如美食當前要控制，深蹲、有氧更是每天都不能鬆懈的運動。即使辛苦，模特兒這工作她是喜歡的。

每天看到自己都是漂漂亮亮的。工作時，所有人都圍繞著妳，更是在場所有人的焦點，很享受這種鎂光燈下受矚目的感覺。模特兒這行也很有發展性，同期入行有人現在已是電視劇明星等等。「還有、還有，就是常常會有人想要約吃飯。」她最後補充。

「人美真好。」這時Q心裡想：「常常也有朋友要約我吃飯、喝咖啡，只是他們都帶著管理問題來問我就是了。」

聽了15分鐘後，雖然很有趣，但還是試圖拉她回來：「汪小姐，聽起來妳在模特兒界工作得很開心。請問為何離開來創業？」

「還不就是會有不愉快的事情。這行業，鹹豬手太多了，常常被吃豆腐。不喜歡，就離開啦！」

這個理由很容易想像，於是他打算切入主題。「那不知道有什麼是越志可以幫得上忙的？」

汪小婷就說了：「今天請游顧問來，是因為我現在公司的商業模式需要你來幫我看看。」她眼裡似乎只有 Q，眼睛只看著他。接著說：「再來就是有投資者對『我』有興趣。」發現說錯了，趕緊改口：「喔，不是，是對我們公司有興趣，說想要投資。我不知道怎麼跟投資者談，也需要專家在旁邊協助。」

　　Q 有注意到汪小婷的細微動作，邊說會邊用手輕輕觸碰他的手。他知道需要快速轉移她的目標才行。這一切，仙蒂也都看在眼裡。她清楚知道，汪小婷希望是由 Q 擔任主持顧問，根據這兩次看到她對 Q 講話的方式，肯定希望昨天就開始提供服務了，不用簽約也沒關係。

　　「我請洪顧問跟妳說明陪伴式諮詢的流程。」仙蒂很認真說明。這是昨天 Q 特地請仙蒂準備的，還跟她過了 2 次內容才定案。

　　「謝謝說明。所以你們會是誰來幫我？」汪小婷感覺到 Q 似乎不會是主持顧問。

　　「如果我們簽約，會是由洪顧問擔任主持顧問。」

　　「我以為會是你！」汪小婷看著 Q，失望的表情溢於言表。完全不管仙蒂就在旁邊。

　　「我跟洪顧問討論過你們公司，覺得洪顧問擔任主持顧問最適合。在洪顧問執行陪伴式諮詢的過程中，若需要我，我也會一起出席討論。」Q 當然知道汪小婷所要的，但理性面的他，心意已決。

　　「所以你還是會來就是了！」汪小婷有點嗲聲嗲氣地問。

「不只是我，其他專業顧問也都有機會出席。」Q試圖淡化自己的角色。接著說：「只是，多一位顧問出席，顧問費也會增加喔！」

　　「這我知道。如果有需要，相信會值得的！」很少聽到新創小白這麼豪氣接話的。

　　後來才知道，她父親是一位上市公司老闆，看到女兒有心創業，也提供不少資源給她。租在共享空間，是希望她可以跟同樣租在此地的新創公司共同切磋，增進管理實力。

　　之後，仙蒂就順利擔任模伊公司的主持顧問。而Q，就全心全意在綠淨公司上，毫無懸念。

第三回

第一次創業就成功

上次跟仙蒂來綠淨談時，Q 問有什麼是越志幫得上忙的。森用林說：「我剛創業，又是技術背景的，就如您演講中提到的，失敗率極高。因此我想要在您的陪伴式諮詢下，第一次創業就成功！」

「第一次創業就成功？」Q 心裡打一個問號，畢竟第一次創業的失敗率很高。但當時沒澆他冷水，只問：「你怎麼定義創業成功？」

「呃……好問題，我倒沒想過這問題。」

不意外的答案。幾年來每次問創業家這問題，10 個裡面有 8 個答不出來。台灣創業家普遍對於運用自己產品服務所能達到的願景，想像力很有限。這美麗境界應該是創業家要想的，但這工作往往後來都會落到 Q 的身上。

他知道有一天要帶領綠淨探討公司願景的，這雖重要，但不緊急。今天，他想先盤點現況，並瞭解綠淨的金流狀況。

「新創保鮮期」，通常是他第一次陪伴式諮詢所做的盤點工作。食物過了保鮮期，就壞了，新創過了保鮮期，就倒了。新創保鮮期，是指在沒有營收，也沒有募資下，資金用完的那一天。創立時的股東資金加上創業比賽獎金共有 1,000 萬，初期投入的設備加上其他費用，加上公司 burn rate（每月花用）25 萬，初步計算保鮮期還有 15 個月。

　　公司租在龍潭工業區，第一條產線已經建好。成立至今 2 年半，員工從 2 位增加到 4 位。2 家投資者已經跟綠淨談到最後，有一家已經給了 term sheet（投資條件書），代表很認真在看待綠淨。只是森用林不確定對方底細，不敢再往下進行，這也是他需要顧問的地方。情況跟科學市集當年有點像。

　　綠淨的產品是過濾薄膜，這類產品全球最知名的就是 4M，而綠淨的專業是研發出流速快、壽命長的過濾薄膜。在進駐「X 軸加速器」時期，僅在實驗室階段。經過這段時間，總算有自己的第一條產線了。只是，品質很不穩定。也就是說，現在綠淨在生產端正處於轉大人階段，從實驗室規模要轉為小量試量產規模，還沒到量產。

　　從 Q 的化學背景來看，綠淨的製程技術是很了不起的，能做出因應不同過濾所需的特殊形狀，及孔淨大小不同的超高效率過濾薄膜。綠淨的核心能力是「流速控制能力」，而且就團隊的掌握，產品表現幾乎與 4M 一樣。他很榮幸能有機會服務這家世界級技術的新創企業。

　　不過，每次遇到這類公司，他心裡很清楚：博士等級的技術，

國小等級的管理。因此,每次諮詢一開始,現金部位瞭解了之後,就會從「第一筆訂單」先問起。有了第一筆訂單,代表已經通過POC(概念驗證)階段。有了第一筆訂單,代表商業模式「可能是可行的」,已經進入POB(商業驗證)階段。至少,已有客戶買單,但是否為可獲利的商業模式,就另當別論。

「請問綠淨的第一筆訂單是何時發生的呢?」Q問。

「您是指共同開發案那種嗎?」森用林反問。

「不限。只要是簽了約、產品給了客戶、開立發票,都算是。」

「那還沒有。但有幾家公司正在跟我們要樣品做測試。」

「幾家?」

「大概5、6家吧?」森用林邊想邊說。然後嘴裡唸唸有詞後,又冒出:「不對、不對,應該有10家以上。」看到這情況,Q在白板上就先寫下「代辦事項:1、業務案源漏斗」。他習慣在提供陪伴式諮詢的時候將彼此談的內容寫在白板上。一方面讓大家討論時可以聚焦,再來是諮詢完畢,拍張照,作為後續彼此思考前進的底稿。

「都是免費的?」

「我們想收錢,但我不知道測試品是否可以收錢。加上他們都說要購買之前需要先做測試,測試結果滿意,才會付費。所以,都是免費給他們測試。」

「這些公司是什麼行業的?」

「主要是國內幾家知名家用淨水器品牌大公司,也有部分

是化學工廠、半導體工廠。最近也有可攜式運動水壺表示有興趣測試。」

「所以你們的潛在客戶有 3 類產業，分別是家用淨水器、製造工廠、可攜式水壺。」Q 一邊在寫白板、嘴裡一邊輕聲說著。「他們其中有沒有公司也有生產你們這類的過濾薄膜？」

「就我目前所知應該是沒有。」

「那就好。」

「那就好？」這下反而引起森用林好奇了。

「過去這幾年，常聽到新創的技術被大公司偷走的慘劇，越志的新創客戶也發生過。我們發現，新創在你們這個階段最容易被大公司欺負：團隊都是技術咖、擁有最先進技術、渴望有大單灌注業績時，有心想要竊取技術的公司會出現。」Q 很平穩地說出這段話，就像一位老練的醫生說出世界衛生組織剛公佈的新疾病。

森用林聽完後，「不會吧！」用手遮住嘴巴，表現出很驚訝的表情。

「會啊，怎麼不會。你想想看，你以前不是在大公司做研發主管，當老闆要你根據技術藍圖開發出新產品，但你怎麼做都做不出來時，會怎麼辦？要嘛，就是關起門來繼續埋頭研發；要不然，就是看看外面有誰在做這一類的技術，看能否給自己一些方向、靈感。」

「的確是這樣。可是我不會將腦筋動到新創上去啊！」

「大公司也不一定是針對新創，只是柿子挑軟的吃。你想

想看一個畫面：市場上有兩家擁有我們想要發展、但尚未具備的技術及產品。一家是規模幾千億的上市公司，一家是剛從學校出來的研發型小公司。你需要靈感，誰容易找來談？」

看到他似乎瞭解了，Q 繼續：「為什麼大公司找新創談很容易？因為許多天真的新創，尤其是技術型新創，只要聽到『我們想跟你們談合作機會』，就和盤托出所有技術細節。這就像天真小綿羊，邀請了一隻狼進來家裡，他原本不餓的，看到你也餓了，因為他知道你沒有反抗的能力。未來事情浮出檯面，你要告他，也沒資源告。」

「您這樣一講，」森用林帶著驚恐的表情說：「我腦海中就在思考哪些可能是來偷技術的……。」

「剛剛聽起來，這些公司可能都視綠淨為供應商。但我們現在來討論一下你們的產業價值鏈，比較容易找出彼此在市場上可能的合作或競爭位置。」

花了 2 小時，討論出的產業價值鏈如下：

綠淨產業價值鏈

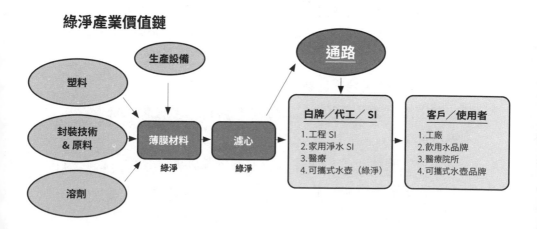

「根據這產業價值鏈及剛剛討論，家用淨水器跟工廠的濾心都是向供應商買的，沒有自己研發，給他們樣品相對安全。」Q 說：「但根據你說的，可攜式水壺的公司就要小心。他們自己有終端品牌產品，也有在做代工。這部分，我會請智慧財產專家一起來看如何保護綠淨。同時，也一起看剛討論過程中所說的，我們的產品跟 4M 之間彼此的智財佈局情況。」邊說，也邊在白板寫上「代辦事項：2、約見劉」。

　　只是，這個價值鏈的討論帶出另一個議題：「綠淨怎麼定位自己？主力產品是什麼？過濾薄膜沒問題，但你又提到濾心，甚至連可攜式水壺也要賣。綠淨選擇的戰場到底是哪一塊？」Q 再次看到一家「什麼都想做」的新創公司。

　　「我們一開始是想賣薄膜就好，畢竟是我們的專業。但是『來找我們』的，都不是做濾心的公司，反而都是這張圖右邊的『白牌 / 代工 /SI』以及『客戶 / 使用者』這兩類族群。因此我們有點是被客戶逼著要做出濾心。」

　　「那你們有此專業嗎？」

　　「製作濾心，除了裡面的過濾薄膜以外，還要因應不同客戶對濾心的不同使用情境，例如大小、長短、外殼材質，多出了許多我們所不熟悉的製造工序，例如灌膠、封尾、裁切等等，我們也很困擾。簡單說，我們想賣薄膜，但現在變成是學著要做出濾心來賣。」

　　「你剛剛說『來找我們』，這是被動的，我們自己有沒有針對潛在客戶進行主動的商務開發？商場上稱 BD，Business

Development。」

「這倒沒有。老實說，BD 我們很弱。目前公司業務就是我一個人。」

「那下次我先跟你分享『銷售成功方程式』，讓綠淨在業務端先有一套流程。」

「哇！」森用林一聽到成功方程式，就以期待眼神回應。感覺，距離第一次創業就成功好像更近了！

「不過，綠淨之後可能需要找一位 BD，也許你自己是最合適的人也說不定。我們邊走邊看。」Q 還不知道森用林的業務能力，因此打算一邊陪伴、一邊觀察。最後說：「我們下次再談。」

第四回

掌握客户購買程序

　　2 週後的諮詢前，森用林先帶 Q 參觀公司，才發現員工都是住在 3 樓，這讓他想起矽谷的車庫創業。Q 到過上百家新創公司，倒是第一次碰到「廠、辦、家」三合一的創業公司。

　　在邊走邊介紹的過程中，森用林說其他 3 位員工，都是同一間淡江大學化工實驗室出來的，換句話說，是同一位論文指導教授。因為都是自己的學弟，於是就找他們一起創業。自己是最大股東，擔任董事長兼總經理。他很感謝所有學弟一開始都願意以低於業界水平的薪資共同打拼，以他們的資歷，大可往高薪的半導體業走。

　　也聊了自己跟團隊都還在適應商場環境，畢竟創業跟實驗室時代很不一樣。談了自己的夢想、自己的家庭。可能是認為跟 Q 工程背景很像，看起來很拘謹的森用林，這時倒是東南西北地分享了自己及公司的一切。

　　「你之後就叫我 Q 吧！以後也不要用敬語『您』了，就說

『你』就好了。」新創運作講求快速，他希望彼此溝通可以打破距離感。

「另外，今天其他 3 位同事如果有空，歡迎他們一起來討論。」理工科系的養成過程完全沒有管理，他希望讓綠淨的團隊可以開始培養這方面的知識。畢竟，創業需要組織團隊，本身就是一個管理的行為。只有森用林個人的管理提升還不夠，團隊沒有跟上，會影響公司進步。

這些年來 Q 發現，10 人以上的公司在高速發展時，創辦人常會覺得公司沒制度、員工跟不上，自己累得跟狗一樣。Q 希望公司長大後，森用林還可以人模人樣。

而且，他也想瞭解這 3 位同事在創業路上的職能狀態。建立團隊，是創業一開始重要的步驟，這也是 Q 將「團隊建立」放在 6 步驟陪伴式諮詢前面的原因。瞭解現況後，他才好建議未來需要增補哪些職能的員工。

下午討論時間一到，「創業一開始，最重要的工作是什麼？」他先問大家這個問題。

「研發做到 120 分，而不是只有 100 而已！」田有耕睜大眼睛也充滿信心地說。

田有耕是森用林創辦公司時第一個找的人。之前 Q 的演講，在森用林旁邊那一位就是他。

對於田有耕的回答，Q 心裡想：「很好，又是一位典型研發人。」以前的他是會笑出來的，現在的他已經沉穩了，更何況他已經看過數百位這樣的科技人，不意外。「還有嗎？」他

接著問。

「研發轉生產的放量生產」、「品質控管」、「抓製程參數」，大家接連回答，且都是跟研發、生產相關的內容。

「公司男女比例均衡。」森用林一說出，全部都哄堂大笑。也是，綠淨 4 位全都未婚。看來，他也蠻會的嘛！收起開玩笑的笑容後，才說出：「將創業初衷貼在座位前。」因為上次演講中提到：「不要忘記創業初衷。」

這時，才看到 Q 滿意的神情。「你們所說的工作都很重要。我的經驗是，**創業一開始，要思考的是客戶要什麼，不是我要賣什麼。**客戶、客戶、客戶，因為很重要，所以說 3 次。這個觀念我之後還會分享為什麼，今天請大家先將這句話放在心中。」他想在一開始就將最重要的重點表達出來。

討論一開始，Q 請大家都自我介紹，也說說為何要加入綠淨，而沒加入半導體公司。大家就學時雖然沒有修管理學分，但值得慶幸的是綠淨有獲得創業比賽首獎，這意謂著過程中有探討過商業模式。因此團隊距離 Q 認定創業這條路上的「正軌」，大概只差十萬七千里而已。

接下來，他進入今日主題。

「銷售，大家常談的是業務技巧。例如，你在永和豆漿點一碗鹹豆漿時，店員問『要加一個蛋或兩個蛋？』，而不是『要不要加蛋？』。這種問法叫做『假設成交式』問法，就是一種促進銷售的技巧。銷售技巧比較偏藝術，之後再談。今天著重在銷售流程，是比較科學的。」

Q 首先讓大家看一張銷售成功方程式圖。

銷售成功方程式

（每日拜訪次數 × 全年工作天數 ÷ 平均結案拜訪次數）× 平均訂單金額 = 業務人員年生產力

顧客資訊管理	銷售機制建立與發展	銷售資訊管理	顧客需求探索與服務	
Account File Management 顧客檔案系統	Recruiting & Development 招募訓練程序	**Funnel Management 案源漏斗管理**	Probing for Truth 需求探索程序	Sales Management 銷售管理
Time & Territory Management 主行程表	Coaching & Compensation 評核發展程序	Sales Visit Log Management 銷售拜訪日誌	Customer Satisfaction Management 顧客滿意程序	

「這張圖，是在談如何看待一位業務人員的年度銷售管理。假設一位業務員每天拜訪公司 3 次，一年工作 200 天。平均他每拜訪 10 次可以簽一張合約，每張合約金額是 50 萬。我們可以算出這位業務員的年生產力是 3 × 200 ÷ 10 後再乘上 50 萬，等於 3,000 萬。」

看到這圖，森用林：「哇，好特別的角度！」

「沒錯，這張銷售管理圖的每個格子都有學習的課程，認真學要幾週以上的時間。但我不打算以課程講授，而是根據你們的狀態，萃取裡面最實務的方式，帶著你們討論。首先，就是案源漏斗管理這一項。」

「要談業務案源前，我們先換位思考。大家都有付費買東西的經驗。如果我們還沒有打算買保險，對方一直推銷，我們

還是不會買，甚至會覺得對方很煩，是吧？」

「是！」大家很熱情回應。看來大家都被推銷過。

「反過來，如果現在你手機突然壞了無法開機，急著要買一支新手機下，每家店都缺貨，你也會覺得很焦慮。是不是？」

「對！」看來大家也焦慮過。

「所以，最好的情況，是賣家賣的時間點跟買家需求的時間一致，彼此都會開心。B2B（企業對企業）的銷售也一樣，只是，比 B2C（企業對個人）的銷售複雜一些。所謂複雜，是指決策過程人比較多、考量比較多面向，因此，採購決定的時間也比較久。這些決策者，稱為 DMU，取 Decision Making Unit 這三個英文字的字首。」接著，就在白板上畫出這張圖：

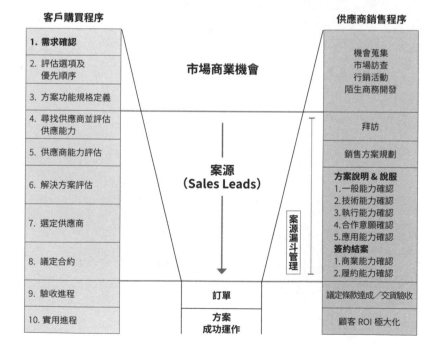

客戶購買程序		供應商銷售程序
1. 需求確認	市場商業機會	機會蒐集 市場訪查 行銷活動 陌生商務開發
2. 評估選項及優先順序		
3. 方案功能規格定義		
4. 尋找供應商並評估供應能力		拜訪
5. 供應商能力評估	案源 （Sales Leads）	銷售方案規劃
6. 解決方案評估		方案說明 & 說服 1.一般能力確認 2.技術能力確認 3.執行能力確認 4.合作意願確認 5.應用能力確認
7. 選定供應商		簽約結案 1.商業能力確認 2.履約能力確認
8. 議定合約		
9. 驗收進程	訂單	議定條款達成／交貨驗收
10. 實用進程	方案 成功運作	顧客 ROI 極大化

案源漏斗管理

一般而言，企業採購的目的，包含增加效率、增加競爭優勢、降低成本、提升獲利等等。不論目的為何，當「需求確認」了，就開啟了圖左邊的購買程序。直到「10.實用進程」這一步，才算是達成客戶的採購目的。

　　而供應商銷售程序則是如圖右邊。一開始是在廣大的市場中進行機會蒐集、市場訪查、行銷及陌生開發。一旦有進一步機會，就開始拜訪、進行銷售方案規劃，並提供方案讓客戶買單，直到雙方簽訂合約、交貨驗收過。若客戶有達成其本次採購的投資回報（ROI，Return on Investment），則有機會重複採購。

　　「對不起，」森用林發問了：「所以我要怎麼理解這張圖。我的意思是……」他抓抓頭，不知道怎麼表達時，田有耕說話了：「他的問題是，我們要怎麼使用這張圖啦！」果然，共同創辦人還是比較瞭解他。

　　「喔，第一步，就是先瞭解，潛在客戶跟我們接觸時，是處於哪一個階段。當客戶還在購買程序的『4.尋找供應商並評估供應能力』，身為供應商的你直接跳到『簽約結案』階段時，這個銷售大概是不會成功的。」

　　「對耶，」森用林說：「之前幾通來電，直接打電話說要我們提供產品報價。我給他們後，就像是肉包子打狗一樣，有去無回！」

　　「沒錯，但如果你有先瞭解他們的需求狀況、使用情境，對方也許對我們產品挑三揀四，但只要在互動過程中他們有興

趣瞭解圖右邊我方『方案說明＆說服』1 至 5 各項能力，那就是比較認真在看待此次採購的客戶。所謂『嫌貨才是買貨人』，就是這個道理。」

看到森用林、田有耕都點頭，表示有聽懂後，他繼續補充。

「所以，你說有幾家正在做樣品測試，這就比較像是到了採購程序的 5、6 這兩步驟，針對綠淨的公司及產品進行評估，我就比較看好這些機會。掌握客戶購買程序，絕對是重中之重！也就是**要多走向客戶，瞭解他們的需求。**」

在清楚地說明客戶採購及供應商銷售兩邊的流程後，Q 緊接著說：「一般程序下，當客戶進到第 4 步驟時，積極的供應商就會有機會掌握案源。第 4 步到第 8 步議定合約之間，就是供應商的案源機會。供應商透過各項方案說明，以說服客戶採用，促成訂單。」

在充分理解這張圖的意義後，Q 問大家：「所以有看到中間的漏斗形狀嗎？」大家都紛紛點頭。

「案源漏斗管理，是針對所有業務案源，進行系統性管理。為什麼有『漏斗』兩字？因為業務案源的最佳狀態，是上面比較多，下面比較少，形狀就如漏斗般的上寬下窄。再來，也是期待案源能夠如漏斗般，逐步往下流，最後成為訂單。」Q 看到大家比較懂了。

「我們下次就來談案源漏斗管理吧。」這是目前綠淨比較迫切的需要。

現金的領先指標：案源漏斗

根據上次分享購買程序及銷售程序後，他先跟大家聊銷售人員的行為模式。一開始，他就提到銷售人員分兩種，「專業的」跟「業餘的」：

專業 vs. 業餘銷售人員之銷售作為	
專業	**業餘**
1. 專注顧客購買程序	1. 專注自己銷售程序
2. 解決顧客問題	2. 達成業績目標
3. 顧客滿意為依歸	3. 老闆滿意為主軸
4. 發展長期的關係	4. 與顧客僅銷售關係
5. 如何幫顧客增值	5. 如何說明自身優勢

「森用林，」Q眼睛直視，笑著問他：「請問你是哪一種？」

「呃……我肯定不專業……但是，」森用林一邊仔細看，也一邊苦笑著說：「我甚至連業餘的都稱不上。第一項銷售程序沒有，也不懂得如何設定業績目標。」

「好，那我的角色就是讓你可以越級打怪，直接上 pro。」

「很期待。」森用林說。

「第一堂課：銷售是等價交換。」Q 說。然後繼續說：「在創業路上，我鼓勵大家要成為有誠信的創新人，但請不要成為老實的傻瓜。」

公司 4 位理工男，似乎沒有一位如科學市集的許智永般靈活，他有點擔心綠淨以後會被騙。於是講述一個真實案例，希望大家理解等價交換這個精神的重要性。

「曾經有一家做電池的台灣新創 A，在接到美國共享腳踏車 B 公司大單子後開始大量生產。某天來找我諮詢，說對方因為市場需求驟減，要他的公司不要再出貨了，也不會再付款給他。」

大家好像沒理解到事情的嚴重性，於是 Q 繼續：「原來，當初 A 在急缺訂單情況下，加上跟國外客戶往來經驗不足，商業條件也完全沒有跟 B 談判，就照單全收。結果簽了一張不平等條約，A 要按照 B 要求的時程生產產品，而生產出來的產品，B 可以隨時喊卡，也沒有罰則。問題是，A 已經將合約的總數量全部生產出來了，而 B 只拿了三分之一的貨，其餘的，都不要了。」

「不會吧？」森用林很驚訝。

「商業談判要落實，就回到業務是等價交換這句話。當初A公司認為自己是小公司，被國際公司看上很幸運，合約也不看了。這就是我說的老實傻瓜，而傻瓜，是要付出代價的，當初A公司就繳了幾百萬的學費。」一聽到幾百萬的損失，其他3位也傻眼。

「如何做到等價交換？就是要瞭解你的客戶。」Q繼續說：「瞭解我的產品對你的價值有多大、解決了你什麼問題。這是很平等的，沒有誰欠誰的問題，也沒有公司人小的問題。因此，**在銷售時，若將『我是帶什麼價值給你』這個信念放在心上，你會對自己更有自信。因為，你知道是在幫助對方。**」

「那如果A跟B談判，B就不接受所謂公平的條件怎麼辦？」田有耕問。

「很好的問題。這時候就要思考：B是對的客戶嗎？剛剛說，銷售是等價的交換。對方不接受等價的交換，只接受對他自己有利的條件，我會建議你就優雅地走開，然後在心裡告訴自己：這是你的損失！」Q還做出漫步走路的姿勢惹來大家一笑。

緊接著嚴正地說：「A若接受了這極不平等的條件，下一次條件只會更嚴苛。**碰到對的客戶，是祖上積德；挑到好的客戶，是自己努力。**」

種下銷售的正確觀念後，Q將主題拉回到今天的主軸。

「有點扯遠了。我們接下來一起做出一張圖，是專屬於綠

淨的『案源漏斗管理』，讓你隨時可以掌握業務機會。」說這
句話時，眼睛看著森用林。

2 小時後，白板上產生了這張圖。

案源漏斗管理

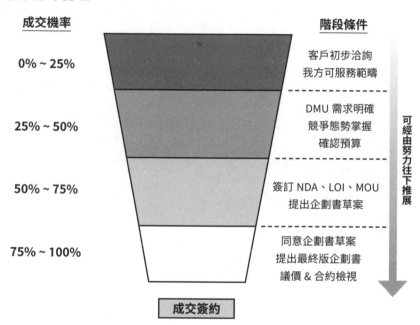

成交機率		階段條件
0% ~ 25%		客戶初步洽詢 我方可服務範疇
25% ~ 50%		DMU 需求明確 競爭態勢掌握 確認預算
50% ~ 75%		簽訂 NDA、LOI、MOU 提出企劃書草案
75% ~ 100%		同意企劃書草案 提出最終版企劃書 議價 & 合約檢視

可經由努力往下推展

成交簽約

案源漏斗，是一個業務人員管理手上所有案源機會的工具。
當所有業務人員將手上的案源機會，按照不同階段條件放上，
它就可以回答一個對公司極為重要的問題：「公司未來幾個月
的訂單機會在哪裡！」

稱它漏斗，是因為一個運作良好的案源漏斗形狀長得會像
是國中化學實驗室會使用到的分液漏斗一樣，活拴底下的部分，

代表成交簽約，也就是成為訂單、創造現金之處。而活拴以上、在漏斗中的所有案源，都是未來可能成為訂單的業務案源機會。缺現金時，就轉一下活拴，讓案源成為訂單。

右邊的「階段條件」，代表每一個案源的狀態，跟左邊的「成交機率」相呼應。如果是客戶初步洽詢，則距離成交簽約還久。參展時，有人在攤位跟你聊了 20 分鐘後說：「我對你的商品有興趣。」這時就可以將此案源機會放在此區。

而距離簽約最近的案源，代表成交機率在 75% 至 100% 之間，常是業務人員已經花了許多時間向客戶證明自己公司及產品的價值符合其需求，也深度經營 DMU，並掌握客戶的採購預算。這些功課都做足了，業源掉下來轉成訂單也是指日可待。

從管理角度，案源漏斗對初次使用者比較挑戰的地方在「介面管理」。例如，行銷部門向總經理要了 100 萬的預算，使盡吃奶的力量，在展會中創造出 50 個案源；業務部門接手案源後，最後成交 1 筆。

當總經理問行銷花了 100 萬怎麼只產生 1 家客戶？行銷抱怨業務能力太差。業務在現場聽了：「是你們行銷對產品定位不清楚吧！這 50 張名片中，真正對我們產品有需求的才只有 3 家，其他根本是來亂的。」於是，兩部門就吵起來了。行銷到業務，就是一個需要管理的介面。

而漏斗本身也是有介面的。綠淨的案源漏斗總共分成四層，每一層要轉換到下一層時，就是一個介面。在一些單筆訂單金額較高的行業，甚至會製作「客戶發展計劃」跟「個案銷售計

劃」，以利案源順利朝向成交簽約的方向移動。

　　許多新創公司會購買 CRM 系統，從 Q 的角度是沒有必要的。原因有兩點：第一，銷售流程尚未清楚定義下，業務人員僅是為了應付老闆要求而填資料，無法產生有用的管理圖表。勞民傷財，基層業務員也抱怨不少。第二，案源少。若在漏斗中的經常性案源總數目兩隻手就數得出來，何必需要一個複雜的 IT 系統？

　　在產生綠淨案源漏斗後，Q 對著森用林叮嚀：「有了這個工具，我希望你每天都可以使用；當有新的業務機會時，就放進來。當案源狀態有更新，就調整移動。它是可以幫助你系統性掌握未來現金流的「領先指標」。經營者要掌握的，是領先指標。」

　　「這樣討論下來，我發現，」森用林高興地說：「原本有些案源不知道怎麼處理，但討論出漏斗階段條件後，就清楚知道哪些是屬於案源機會，哪些就直接不管它了。還有些案源一忙就忘記要回應對方，這樣整理出來後，我就比較有邏輯地思考整件事情。」

　　「還不只這樣。漏斗系統中還可以進一步設置其他領先指標，這之後再討論。我們先開始打仗吧！」

　　「好，太好了！」

　　Q 最後補上一句話：「之後每一次我跟你討論其他管理議題前，我們就先看案源漏斗吧！」

　　「沒問題！」森用林說。

第六回

投資者對我們有興趣！

　　「投資者對我們有興趣」，大概是 Q 在擔任新創計劃審查委員時最常聽到的一句話了。

　　通常，邀請 Q 擔任審查委員的都是資源方。有些是投資，例如政府資金支持的加速器；有些是有全球市場拓展網絡，例如以色列運動加速器 HYPE。而有些，是提供場地供新創進駐，並安排輔導業師，例如宜蘭科學園區、新北創力坊。由於爭取者眾，而資源是有限的，因此資源方會邀請業界專家擔任委員，進行評選。

　　而會說出上面這句話的新創公司，都是為了向評審證明：「我們是有潛力的。」只是有經驗的評審，只要問幾個問題，就可以辨別投資者是多有興趣。「跟對方的誰談過？」、「對方進行過 DD 了沒？」、「對方提供投資條件書了？」。

　　許多會講大話的創業家，跟投資者只是交換過一次名片，就說某某投資者對我們有興趣。這種創業家，Q 歸類為「有 2 分，

說 8 分」。而綠淨則完全相反，「有 8 分，卻只說 2 分」。從他的角度，森用林太保守了，需要「再教育」。

雖然經過 1 個多月密集討論銷售議題，還是沒有新訂單發生，綠淨的新創保鮮期也只剩下不到 14 個月。之前森用林提過已有投資者提供投資條件書，他想針對投資者的資金部分，開始協助。Q 在陪伴新創過程中，特別注重雙箭頭。一個是自創資金的營收，另一個，就是對外募資。這雙箭頭決定出公司的現金部位。

一位信任的顧問，協助讓新創跟投資者專業互動，並成為他們一股向「錢」推進的力量，這也不是 Q 第一次扮演這樣的角色了。

森用林向 Q 說：「我們現在是需要資金沒錯，但好幾家公司都說想投資我們，到底應該找哪一家，很難判斷。後來因為忙著生產技術的改善，以及一些潛在客戶說要試用，我就不管那些投資者了！」

「啊，」Q 心想：「不管投資者？你也太拿翹了吧！」

針對 2 家被森用林晾在一旁的創投，雙方已經深度討論過投資條件，他們對於綠淨這家新創公司的估值，也有其各自的認知。只不過，從森用林的角度覺得這兩家都太貪心了。

Q 覺得森用林對投資者不夠認識，於是先跟團隊上了一堂課：「認識投資者」。

1. 創投，或稱為 VC，他們的資金不是從自己口袋拿出來的，而是從別人那裡募集而來的。創投的工作，是負責管理募

集到的資金，並投資新創。他們的角色稱為普通合夥人，英文是 General Partner，簡稱 GP。而他們募集資金的來源，稱為有限合夥人，英文是 Limited Partner，簡稱 LP（說到這裡，在場男士都笑了出來！）。概念上，GP 是透過投資幫 LP 賺錢的，因此，GP 是要向 LP 負責的。而創投的投資，通常是有年限的壓力。因為他們當初向 LP 募集資金時，有說明在幾年之內要連本帶利還給他們。

「所以各位，創投也是跟各位一樣，有募集資金跟獲利的壓力的！」Q 在這一段做了補充。

2. 企業創投，或稱為 CVC，資金來自於集團內部，且是從自己集團的角度來思考投資標的。通常沒有投資年限，是所謂的長青基金（Evergreen fund）。

「在台灣，大家最常碰到就是 VC 跟 CVC 這兩種投資者，而這兩種投資人的目的是不一樣的。」喝了一口水後，Q 繼續說：「VC，就是求財務回報。所以他們在評估是否投資你之際，也同時會要瞭解未來在何時、以什麼方式出場，獲利了結。因此，他們會幫你找下一輪投資者，協助抬高你的估值。這樣，他們才有賺頭。」

接著他帶著笑容說：「有沒有發現有趣的事來了。過程中，VC 的角色有個巧妙的變化：投資前是買方；投資後，轉為賣方。因此，當你獲得 VC 投資，你們彼此就在同一艘船上了。」大家都點頭，表示瞭解這個生態了。

「CVC 呢？」森用林問。

「CVC 屬於策略型投資者，通常是想瞭解你這家公司對他們企業有什麼綜效。他們可能初期投資你 10%、15%，時機成熟，就併購。」Q 邊講，也邊想到當年跟豔文及成寶在給高強轉型報告時，建議成立「高強加速器」，以 CVC 方式投資或併購新創。

　　接著他說：「如果以結婚來比喻各種投資行為，」接著在投影幕上打出這段妙喻：

財務型投資者，是以離婚為前提的結婚。
策略型投資者，是以結婚為前提的試婚。

　　「也就是說，VC 投資你（結婚），是為了賣股獲利（離婚）；CVC 投資你（試婚），是有要併購（結婚）你的打算。」Q 看到森用林頻頻點頭。

　　緊接著說：「Amazon 創辦人傑夫·貝佐斯的太太跟他離婚後，獲得超過新台幣 1 兆元的分手費。她，就是史上最成功的財務型投資者！」Q 俏皮地拿新聞事件套上，惹得大家瘋狂大笑。

　　經統計，台灣跟矽谷稍有規模的創投，在看過的 1,000 份 BP 中，大約只會投資 6 家。從新創角度，獲投的機率很低。

　　反過來，Q 投資界的朋友很多，經常抱怨沒有好案子，知道他會深度接觸到不少新創，請他看到好案子時，務必要介紹給他們。在眼前，就是一個好案子。經過 1 個多月的密集討論，

他實在看不出來森用林將投資者晾在一旁的理由。

「我應該先問你一個問題：綠淨在未來 12 個月有需要資金嗎？」Q 想再次釐清。

「有的，我想找人，產銷也都要擴大。人的部分，想找一位行銷，負責推廣及 CES 參展；一位業務，分擔我跑業務的工作；另外，一位生產管理，建立生產流程及提昇產品品質，因為產線很不穩。再加上增加一條產線以及國際生意擴張，未來 3 年預計需要 6,000 萬資金。」

「你有聽過政府有一個國發基金嗎？它有幾種投資方案，基本上是在有一家領投下，它搭配著投資。如果你正在談的投資機構未來投資了，就可以考慮走國發基金這條路。」話鋒一轉，Q 問：「已經給出投資條件書的這家創投，為何沒有再繼續談？」

「怕被騙！」

「哪部分？」

「我不認識他們。不知道他們到底為什麼要投資我們？就怕怕的！因此也想請教你，這家創投你熟不熟？他們的人是否還正派？」

森用林將投資公司名字寫在白板上後，「你很幸運，我認識董事總經理。這個人值得信任。」Q 說：「不過，既然你們雙方已經進行到投資條件書，估值、價格也都有個底了，後續就是合約了。我會建議找一位有經驗的律師共同檢視後續的合約內容。有合作的律師嗎？」

「沒有。」

「那我也帶你約見一位我們新成立平台的顧問專家，他是新創律師。」

「什麼？『約談』律師？」

「不是『約談』，那是調查局在做的。我們越志推出一項新服務，叫約見。就是約一位專家見面，在 2 小時內解決一個管理難題。」

「沒問題。你介紹，我放心！」

1 個月後，綠淨就順利獲得了創投 3,000 萬新台幣的投資。成為那千分之六的幸運兒。

| 第七回 |

我不想幹總經理了！

　　在 Q 忙著綠淨及其他專案的同時，仙蒂一點也沒有閒著。模伊的商業模式還在探討中，仙蒂帶著汪小婷訪談幾位目標客戶，反應平平，這也讓仙蒂在模伊這一塊的 TAM/SAM/SOM 遲遲難以勾勒出來。加上汪小婷的共同創辦人突然選擇到大公司上班，這種種跡象讓仙蒂懷疑模伊是否還經營得下去。

　　反觀綠淨，獲投後，隨著組織規模變大，反而產生更大的管理複雜度。如果用一句話形容綠淨這 6 個月來的狀態，那就是「找不到管理的好球帶」。

　　創投一注資，森用林就找了一位行銷、一位業務及一位生產管理人員進來。結果每位新人對他都產生各自管理上的問題。

　　首先是業務。森用林說自己是研發底的，沒做過業務，不知道怎麼招募、面試。於是 Q 帶著森用林討論該職位的「職務說明書」，規劃出綠淨業務的職位目的、工作內容、徵才條件，其中一項條件是「有 B2B 銷售經驗」。Q 建議找女業務，因為

他觀察到公司的陽剛氣息太重，需要調和。等收到履歷表時，他可以協助過濾、面試。

2 週後當 Q 再來到綠淨時，森用林居然說已經發了聘書。原來，是朋友介紹，森用林想說好朋友不會害他，談過後就邀請他進來了。是男的，而且是 B2C 經驗的業務，不是 B2B。

試用 3 個月下來，森用林發現自己要花非常多時間教導他。沒有 B2B 銷售經驗，也沒此產業的專業知識。不但沒有分擔工作，反而讓森用林花更多時間教導，也更累。Q 安慰他，所謂「天下無難事，只怕有新人」，任何一位新進員工，都是需要重新訓練的，畢竟對業態不瞭解。但森用林懷疑這個人真的適合綠淨嗎？

生產管理的新進員工則沒有此問題。他有相關工作經驗，到職後生產管理的工作做得相當出色，不但可以主動提出品質及生產成本的管控計劃，更可以規劃排程、進度跟催，並做好品質的管控。整體而言，提高了綠淨的生產效能，同時也大大降低生產成本。原本因為綠淨的品質不佳，導致森用林不敢大力推廣自家產品的因素，也完全消除了。

這樣的員工，本應獲頒優良員工的。想不到有天，從創業初期就開始合作的設備供應商打電話來告狀，說以後不合作了。一問之下，才知道被這位新進生管惹毛了。

該設備商於綠淨剛成立時，跟著討論產線規劃，看綠淨是年輕人創立的公司，初期許多 NRE（一次性工程費用）都沒有收。3 年來，也逐漸支撐起綠淨從實驗室規模轉換到小量生產的

規模。森用林很感謝老闆對綠淨一路以來的支持，總覺得虧欠他不少，之後有機會一定要用訂單來回報他們。

　　結果生管一進來，在公司要增加產線之際，就完全按照大公司作法，請所有設備廠商報價，且完全按照價格選廠。這使該供應商非常不開心，覺得以前互助互惠的精神，已經蕩然無存。這事件，使得森用林後來要買一盒高級茶葉，前往賠不是。

　　這是很典型的，大公司人才進到新創公司會發生的水土不服問題。生管覺得綠淨太沒制度了，他所做的一切，都是為了公司好。森用林覺得，「你不能用大公司那一套全部套在我們公司，我們是新創啊！」Q 安慰他，這位新進生管對公司生產品質貢獻良多，只是需要時間融合。Q 還因此跟大家上了一門課：「溝通」。

　　業務跟生管還不是讓森用林最傷腦筋的，行銷人員才是。

　　剛找進來時，Q 覺得很好，因為是有相關工作經驗的女生，總算有女性同胞可以調和這些臭男生，而且她在行銷規劃跟執行上的能力真的很優，英文程度好，也順利讓綠淨在 CES 新創比賽中獲獎。但 3 個月後，慢慢發現她很會挑撥離間。擅於此道的人，有時候並不容易被發現有此特質。好死不死，綠淨這群認識多年、還住在一起的 4 個人，彼此為人都很清楚。

　　即使如此，她一開始使出離間計時，公司內部動不動就有人跑來跟森用林說誰怎麼樣、誰又怎麼樣，搞得森用林很煩。直到有一天，他驚覺此現象，追源頭才發現全部都是這位新人說的話、搞的鬼。

「怎麼辦？」森用林在一次諮詢時問了 Q。

「你有針對這所有的一切跟她聊過？」

「有。」

「那她怎麼說？」

「她就顧左右而言他，沒有否認。在我看來，就是默認了。」

「所以，你有打算怎麼處理嗎？」

「我覺得她能力很好，是我們公司所需要的那種人。像這次美國 CES 全球創新獎，沒有她，我自己辦不到。」

「你的意思是維持現狀，什麼也不做？」

「我有跟她說，以後不可以這樣子。」

Q 心裡想：「你是在教小朋友嗎！」接著說：「她應該會說『好』！」

「沒錯。她是這麼說的。」

「我建議你再找她談一次，」Q 覺得處理「不適任員工」這種事情要有方法：「說下次再犯，公司就會請她離開。」

結果 3 個月後，她終究還是離開了。但這 6 個月，讓公司內部氣氛完全變了樣，也導致人跟人之間產生了許多不信任。很多爭執也因此而起，森用林跟田有耕之間就是。

田有耕是有話直說的人，他對森用林在處理行銷人員這事，很不能理解。為什麼沒有在第 3 個月、也就是一發現時就立刻請她離開。反而拖到 6 個月，搞到公司內部烏煙瘴氣後，才請她走。他當初直言：「這種人的個性是不會改的啦！」也抱怨，

森用林心太軟。

　　創辦人跟共同創辦人之間，總是存在一種很微妙的平衡關係。新創的創辦人常會找跟自己互補的人一起創業，森用林也是瞭解田有耕很有主見，與自己不容易下決定的個性互補，才邀請他一起創業的。他也很尊重田有耕給的許多建議，只是這次在處理人這個議題上，彼此意見相左。

　　在這公司起飛成長、大幅擴張之際，很明顯的，公司需要森用林花更多時間經營團隊，讓每個人適得其所，也帶領大家往前走。想不到，他卻申請上了台大 EiMBA 學位課程，反而花更少時間在公司了。而且，他原本睡眠時間就少，現在又多了一個學生身份，讓他每天睡眠時間只有 3 小時！

　　森用林在逃避，他在逃避讓他煩心的一切。Q 感覺到，茶壺裡的風暴正在形成。

　　果然，在獲投 6 個月後的一個星期六凌晨 3 點，他發了一個訊息給 Q：「我不想幹總經理了！」

　　此時的 Q，正在中和南勢角租屋處，吹著大同老式電風扇，打呼中。

恭喜畢業

　　週六早上 7 點，鬧鐘一響，看到陽光斜射入房內，原本應該是美好的早晨。但 Q 在床上打開手機看到森用林的訊息，立刻跳起來大喊：「What the fuck!」

　　他知道森用林在人員管理上的負荷很大，畢竟行銷、業務、生產管理都是他不熟悉的領域，自覺無法領導這幾位新人，但沒想到會說出這麼重的話。

　　遇到這十萬火急的要緊事，他只好跟瑪莉說抱歉，原本要去喝的英式下午茶只好延到隔天。他知道森用林喜歡看《灌籃高手》，也有在打籃球，於是今天下午約了森用林在台大打籃球。他覺得該是來場 men's talk 的時候了。

　　徹底流完汗後，投了 2 罐運動飲料，兩人就坐在場邊看著其他人打 3 對 3 鬥牛。

　　Q 看著場上運球的人，問：「怎麼啦，」然後轉向森用林，「為何突然說不幹了？」

「我覺得自己不適合擔任總經理這角色。」森用林看著上籃得分的人，淡淡地說。認識超過 6 個月，Q 從這回覆的語氣跟表情，知道他凌晨傳的訊息不是氣話，是深思熟慮過的。

　　曾經，他觀察到森用林完全是以朋友的角度跟員工相處。因此，員工犯了錯，他不責備，但也沒給予指導，因為怕傷了朋友間感情。也因此他常常苦往心裡吞，最後只能向 Q 訴苦。壓力漸大後，他會在員工表現不符合期待時，當下大聲斥責。

　　森用林領導員工的情緒反差之大，就像在綠淨組織內部有了極端氣候一樣，這是不健康的溝通方式。他曾提醒森用林：「我知道創業壓力很大，但主管也要學著做好情緒管理。」這情況隨著新人進來後，反而越演越烈。

　　「為何覺得自己不適合？」雖然應該知道答案，但一樣，他不先入為主。

　　「這幾個月來，我發現自己很不會帶人。」果然如 Q 所想。

　　「那你的意思是，不想當總經理而已，還是連董事長也不想要了？」

　　「我覺得很累，想說誰要這家公司，我就賣給誰。」

　　「嗯，」Q 順著他的話說：「我覺得綠淨的技術很有價值，越志有一家客戶，是化學產業的上市公司，也許有興趣，我來問問看如何？」

　　「真的？」森用林似乎真的有興趣，轉過頭來看著 Q。

　　「對啊，化學工廠需要不少過濾，加上他們很重視企業社會責任，最近在內部推循環經濟。綠淨的產品，在製程上又是

使用生質環保溶劑，減少了 50% 以上的碳排，我相信他們會很有興趣。而且，他們有併購新創公司的經驗。」

Q 想探索森用林是否真的想賣公司，或者，只是單純覺得累。累，是一時；賣公司，是一世。這兩種情況的處理方式不一樣。

而且，就 Q 的經驗，如果真想賣，他接下來應該會進一步探詢這家化學公司的一切，包含老闆是什麼樣的人、公司對員工好不好、併購談判時有沒有很阿殺力，還是斤斤計較等等的問題，這些都是當年在協助張力 AI 公司時會關心的議題。「可是，」他反而說：「我覺得我們還不夠好，怕會丟你的臉！」

「什麼鬼啦！」Q 大叫了出來：「你這個人真的很腦補耶！」他嗓門太大了，球場上的人都看過來了。連趴在地上打瞌睡那條狗，也抬頭了。

陪伴式諮詢過程，讓 Q 對森用林有很深入的認識。自己除了是顧問，有時候也像是心理諮商師。「捨不得賣」，他心裡有個底了。接下來，就是幫助他成為更稱職的總經理。

「這些年與這麼多創業家互動，我歸納出新創總經理五大職能。你有沒有興趣聽聽看是哪五大？」Q 問。

「當然。」

「一、架構商業計劃書；二、提出並溝通願景與使命；三、策略規劃與行動計劃；四、建立投資者與外部關係網絡，以及五、建立團隊與制度。」

一口氣講完後，他繼續說：「從我角度，一跟四你都具備了，

二跟三我稍後跟你談。目前你是被五，也就是建立團隊這一項搞到心煩意躁。」

看到森用林以沉默表示同意，他接著問：「還記得我在台北國際會議中心那場演講的最後，提到不要忘了創業的初衷？」

「當然記得，」接著森用林笑了出來：「還有人嗆你說沒創過業怎麼敢當業師！」然後他用手遮住自己嘴巴：「當時替你捏了一把冷汗！」

「哈哈，謝謝你那麼關心我。」Q大笑回應：「那我問你喔，你創業的初衷是什麼？」

「我還真是……很久沒想過這問題了！」

「你要不要聽聽我最近對你跟綠淨的一些觀察？」

「當然！」

「先聊你的部分。我認為你不想賣公司，我看到的你，還是有創業熱情的，只是找不到管理的好球帶而已。」

「怎麼說？」

「你在前公司是研發主管，只有帶過研發人員。現在要帶行銷、業務、生管，這幾位新人發生了狀況，難免有挫折。但大家都是在學習，對自己不需太苛責。這部分，我後續會扮演教練的角度來幫助你。但投手畢竟是你，要投進好球帶，你還是要對自己有信心才行。」

看來這一段有打中痛點，於是森用林說：「其實，我有想過從外面找一位營運長進來，負責公司內部的營運，畢竟這段時間以來，發現自己真的不擅長這一塊。而跑業務、募資等，

我倒是越來越有信心。你覺得可行嗎？」

「這也是個解決的方式，但我要提醒一件事情。營運長，通常是總經理之下、眾人之上的角色。難道綠淨現有員工沒有一個人可以擔任這角色嗎？」Q 心裡當然有答案。然後說：「如果外找，我們綠淨現有的員工會服嗎？」

「我想過這問題。最接近這角色的，就是田有耕。他跟我南征北討 3 年多，見過的世面很廣，許多我認識的人，他也都認識。但是，他目前還是太技術導向了。」

「嗯，那下一個問題要思考的，就是當外部進來一位營運長，需要思考有誰可能會因此離開，評估對公司的損失。畢竟我們是小公司，每一位都很重要。」

「好，這部分我會找田有耕談。另外，你剛剛說對公司部分的觀察是？」

「關於公司，我的確也觀察到最近有點亂無章法。這可以從兩方面著手。短期部分，我會帶著你們一起開會；長期部分，我們一起來建構綠淨的『5 年願景』。」

「為何是這兩部分？」

「先說開會。這幾個月來，你怪罪同事跟你溝通的時間點跟方式都不適合，惹你生氣。你知道我在想什麼嗎？問題也許不在他們，而在你。」說到這裡，Q 還不忘補上一句：「抱歉，事到如今，我就直接一點了。」

「沒事，這樣很好。我只是好奇為何你會這麼說？」

「你看喔，你現在不是來讀台大 EiMBA 了嗎？我先說，這

是針對創業的好課程，但現在會讓你可以分給同事的時間就更少了。而且，你的同學也都是創業家，你們在互相取暖的過程中，一定會發現別人家的員工怎麼那麼自動自發，而我們家的人怎麼什麼都要教導？」

「對耶，你怎麼知道！」森用林看著他大聲回應。

「在巨大壓力下，你其實已經帶著情緒在面對同事了，不論他們做什麼、說什麼，你都會覺得他們是錯的。這對他們並不公平。況且，你可能也沒有跟他們說，何時可以透過什麼方式，來找你談公事。」

「你這麼說好像有道理。」森用林很信任 Q，聽得進去他的分析。

「所以，我會教大家怎麼開週會，這也是在建立制度。更重要的，是大家在會議裡要學著彼此溝通工作內容、要學著如何做報告，也要學著提出需要幫助之處。而你呢？則要學著如何當一個主席，既要達到會議目的，也要有效率地進行會議。我的經驗，2 個月後大家就會比較上手了。」

「那 5 年願景的部分呢？」

「這是針對你的。也是剛剛提到的二跟三的職能。」Q 微笑著說：「因為，我覺得你這顆公司的粽子頭，最近走鐘了。我打算花 3 個月，帶著你跟大家以策略規劃的方式探索出公司 5 年後的願景。再花 1 個月，建立目標管理的制度。這是一套我們稱為『From Vision to Action』的方法。」

一聽到有方法，森用林馬上說：「好，就這麼辦！」果然

有像在讀管理學院的學生。

有一句法國諺語說：「當你知道得的是什麼病時，距離痊癒也就不遠了。」在籃球場上診斷出困境的 3 個月後，綠淨的大家在 Q 帶領下討論出的願景與使命分別是：

願景：「成為薄膜與過濾產業生態系國際知名領航者，攜手員工和夥伴一起踏上國際舞台。」

使命：「致力於打造以人為本的企業，廣納一流國際人才，持續創新、保持好奇心，成為全球過濾產業的要素品牌。串連夥伴，開放透明合作關係，以實現我們的願景。」

4 個月來，在週會運作下，加上願景討論及策略規劃，公司逐步上了軌道。新的行銷人員就定位了、業務人員上手了，生管從願景中，也知道要視外面的設備公司為夥伴，而不僅僅是供應商。大家懂得利用週會，進行有效率的溝通。森用林也招募了營運長進來，是他以前的部屬，一位他很信任、也在其他公司擔任過事業部門負責人的主管。

一切都上了軌道後，Q 覺得時間差不多到了。

在最後一次目標管理的會議後，他個別約了森用林聊。此時，有 12 張椅子的會議室裡，只剩下他們兩人。

「你還記得當初要請我當陪伴式諮詢顧問時，說想要第一

次創業就成功嗎？」

「嗯，當然記得。」

「老實跟你說，當時的我心裡 OS 是：你想太多了！」

「真的假的！」森用林笑了出來。

「真的。我接觸這麼多新創，第一次創業就失敗，容易多了。不過，我今天找你談，是想要恭喜你。我觀察，你們已經在往成功的道路上了。」然後 Q 說出森用林從沒想過的話：「所以，我打算讓你從我這裡畢業了！」

陪伴式諮詢的顧問，很像渣男，常在客戶還覺得很需要你的時候，就拋棄對方。

「等一下，」太過突然，森用林完全沒有心理準備：「你為何突然這麼說？我最近有做錯什麼事嗎？」

「哈哈，」Q 笑了出來：「又在腦補了！你不但沒做錯什麼事，反而做了很多很正確的事。」

「可是……」他還沒說完，Q 就搶話說了：「我問你喔，你現在還有想賣公司嗎？」

「倒是沒有。」

「那就對了。」Q 很高興繼續說：「那代表你已經找到方向，也具備信心帶領大家往前進了。我必須說，當初你找我時，是 1.0 版的森用林。好吧，也許是 0.5 版的，當時的你很缺乏自信，連晚餐吃什麼你都難以拿定主意。而現在的你，已經進化到 2.0 版了。你自己也許沒注意到，但現在的你，決策明快，做事有條理。而且，你也已經習慣當大家的主管，而不是大家的

朋友了。」

「真的假的？」森用林有點驚訝 Q 對自己的觀察：「我自己沒注意到耶！」

「當然，旁觀者清。所以啊，我覺得你現在已經可以單飛了。」

「可是我覺得自己還有很多不足耶！」

「我又不是不理你們。所謂畢業，就是我們不必像過往這段時間一樣，在固定時間進行諮詢討論。但若你需要我，我還是在啊！」

「那可不可以 1 個月後，我再畢業？」森用林還是覺得太快了。

「很謝謝這段時間你對我的信任。」Q 堅持地說：「接下來，我還是要請你信任我：你可以的！」

在穩健的基礎下，公司後續的表現果然亮眼。產品不只獲得「台灣精品獎」，甚至還連續獲得美國最大國際消費性電子展 CES 新創獎項的肯定。更獲得聯合國「人類安全計劃」的推薦，於世界上缺乏乾淨水資源的國家使用，讓綠淨股份有限公司成為名符其實的台灣之光。

長時間陪伴綠淨以來，看到森用林有相當大幅度的成長。Q 打從心底感到很欣慰。回顧進越志這些年來，自己創業的心已經不在，反倒是參與許多客戶、朋友的創業。綠淨，這家陪伴超過 1 年的新創公司，自己算是投入最多心力，也學習到最多的一家。

在森用林畢業的這天晚上，Q 在房間又將左手橫放胸前，並以右手拇指拖住下巴思考許久。從事顧問業至今，他深刻感受到這工作就如豔文所說的，是 people business。很多時候，是需要瞭解人心、處理人的議題的。

最後他在筆記本上反思：

1. 科學市集跟綠淨在面對投資者時，都是因為不信任對方而沒有進一步洽談。越志在未來可以扮演什麼角色，加速讓新創與投資者彼此信任，以促成投資？

2. 看到新創公司偶爾被大公司偷技術，未來若新創面對大公司提出的「我們想跟你們談合作機會」，而來找我諮詢時，我可以再給新創公司什麼建設性的建議？

3. 以我向綠淨提到的 A、B 兩家公司簽訂的不平等條約而言，若 A 公司沒有 B 公司這張不平等條約，就會在 3 個月內燒完公司的所有錢。若 A 來找我諮詢，是否會建議他接受這張合約以換取公司有繼續營運的機會？還是直接建議他收掉公司？

4. 看到幾家協助過的客戶發展得很成功，實在很替他們高興。如果，只是如果，我要創辦一家公司，希望可以達成什麼成就？

第八章

十年磨一劍

「天氣預報明明說要放晴了。怎麼還是下大雨啊？」Q搭計程車到台北車站，邊收傘邊嘀咕著。

「『精準公司』預報可要準一點才行啊！」該公司是他輔導創業、專做地震預報的高科技公司。高速行駛中的高鐵，在有危害的S波傳到地面前10秒，透過其預報系統時速可由300公里降低，減少災害。要搭高鐵了，讓他心裡有這樣的聯想。

將雨傘放進背包側袋後，從西裝外套胸袋拿出手機。開啟高鐵APP：「7車1E？真幸運。」他心裡開心著。

在企管顧問10年，雖說協助台灣企業走向全球，但因為越志的專案基本上都是跟CXO探討重要決策，執行專案大部分的時間都在企業台灣總部，也就是在台北到高雄這300公里的廊帶裡。最方便的交通工具，就是高鐵了。這日，Q一如以往，就是搭高鐵前往高雄見認識多年的老朋友。

7車，不是重點。1E這座位才是他喜歡的。

台北到高雄這一段高鐵，是行駛於山與海之間。台灣高鐵的標準車廂，一排有「A」到「E」共5個位置。「E」，是可以透過大玻璃窗看到巍巍山脈的好位置。

Q喜歡大自然的美景。每次一從板橋站鑽出地面，在遠方迎接他的就是千萬年前造山形成的雪山山脈。3到6月的桃園新竹一帶，可以欣賞綠黃交織的稻田及丘陵地。苗栗站旁的紅色鐵鉤造型橋、宣告進入台中市的麗寶樂園摩天輪，也都是有趣的存在。

自然風光以外，也可以看到許多公司招牌。敬鵬、朋程、同致電子、MAERSK、KHS、老K牌彈簧床、新普科技……，

看到公司招牌，他則會聯想到最近該公司有什麼新聞，甚至當初曾經跟這家公司的誰談過案子。每家公司都有故事，也都在為了生存而努力打拼著。

對他而言，晴天有晴天的豔麗，雨天也有雨天的秀麗。他可以這樣一路看下去。

公差搭高鐵，他也喜歡自己營造氣氛。一杯咖啡，再打開筆電，一邊享受咖啡，一邊看資料。此時，若前座將椅背向後傾斜，會讓後座的桌上空間頓時少了一半。車票上 1E 的「1」，代表第一排，則完全沒這問題。這就是他覺得幸運的原因。

老朋友說有要事要找 Q 聊，因此今天一上車，坐定幸運的 7 車 1E 後，他一如以往，咖啡擺好、筆電打開，看著老朋友的「公司輪廓」。很快的，就到了桃園站。

上下車的人不少。暑假期間，大、小孩攜帶行李，聽到旁邊媽媽對正在嬉鬧的兄妹直喊：「下車了，快點！」。看來，這家人也是要出國吧！看到這景象，總是會讓忙碌中的 Q 想要規劃跟瑪莉的下一趟旅遊。去年的這時候，他們才在帛琉浮潛、看水母。「人不少，想不到 7 車 1D 沒賣掉！」他心裡想著。這下子右手可直接舒服地放在把手上了。

高鐵啟動，看看手錶，距離左營站還有 1 個多小時。他將筆電收起來，放空。

「哇塞，真美的景色！」天氣預報還是有準的，桃園一帶就是雨過天晴的大好天氣。眼前的景色相當美麗，剛被大雨洗滌過的湛藍天空，清晰無比的群山一路綿延。更令他讚嘆的，

是一條長長的白色山嵐靜止在雪山山脈的腰際。「此時若從山頂往桃園看，肯定會很感動！」常往山上跑的他，喜歡居高臨下的美景，因此總是會這樣想像著。「今天真的不適合工作！」每次在大好天氣出差，總會跳出這念頭。

「等等，那不會是大霸尖山吧！」趕緊將傾斜的椅背調正，整個人貼近窗戶想看得更清楚。「對，絕對是！哇靠！」心裡一陣激動起來。

這時候的他居然流下了感動的眼淚。自己也嚇了一跳，趕緊用手抹掉眼角眼淚。

Q是感性的人。這令他感動的景色，突然也讓他千頭萬緒地想到這10年來的一切。信任自己的老闆、專業的顧問、友好的客戶、家人的支持，所有人都豐富了他的生活。他常認為自己是個幸福的傢伙！

資深顧問們對他很好，毫不吝嗇地傳授顧問的方法及心法，讓他現在也可以擁有顧問技能幫助客戶。他自己對客戶很用心，常會做超出簽約範疇的額外服務。

客戶也有感受，因此客戶對他也很好。有的會找他去打高爾夫球，有的會招待他去職棒貴賓室幫他慶生，給他一個大驚喜。甚至，還有客戶會招待他去家裡，吃太太包的水餃。10年來，有好幾位客戶後來也變成好友。

但若要說最感謝的對象，絕對是老闆黃豔文。

第一次見面是面試時。面試結束，他就說：「以後見面就不要稱呼我『黃董事長』，叫我『豔文』即可。」一位這麼有

地位的社會賢達，居然要一個小蘿蔔頭直呼他名字？後來發現，他對所有人都是這樣。從一開始的受寵若驚，到進公司第一年對他的誤解，再到後面豔文一路對自己的信任及貼身教導。豔文，有如自己的再生之父，沒有他，就絕對不會有今天的自己。想到這裡，眼淚又流了出來。

「不行再想了，哭紅的雙眼怎麼去見老友。」一想到這裡，Q趕緊轉換心情。

「請～問～，你還好嗎？」突然，旁邊有人講話了。Q嚇了一大跳，心裡想：「不是空位嗎？」

原來，這位乘客只是比較晚上車坐定而已。而剛剛兩次拭淚的動作引起了她的關注。

這位坐在7車1D的小姐，約末30歲上下，長相清秀，留著俏麗短髮，臉上化著清妝。套裝、鵝黃色針織衫、黑色絲襪及高跟鞋，看起來應該是做業務工作。比較特別的，還繫著絲巾。給人專業中又帶點溫柔的感覺。

這是Q從年少以來就夢想著在搭車時可以邂逅的對象，雖然每次旁邊都是坐睡覺會打鼾的大叔或是阿桑。「不要是現在、不要是現在⋯⋯。」他心中吶喊著。但，來不急了。

「呃⋯⋯」將紅著的雙眼看向這女子，從對方眼神可以感覺到她是真心在關心自己。「還好、還好。」他輕聲但有點急促地回。

邊說，還邊用手抓了自己頭髮。「天啊，真想挖一個洞跳進去！」這是他目前心中唯一的想法。在妙齡女子面前，從沒

這麼尷尬過。

「那……需要紙巾嗎？」該女子邊小心探詢，也將紙巾準備好在 Q 的面前。她那動作，看得出有顧慮到這位大男生的自尊心，是小心翼翼地遞出。真是一位體貼又善良的女生，Q 覺得有點愛上她了。明明剛剛還在想要跟瑪莉出國旅遊的。

「呃……謝謝，我有手帕。」他還是覺得很尷尬。

遇到了，還是要面對。「不好意思，希望沒有嚇到妳。我是看到窗外美景突然千頭萬緒了起來。」

「不會的，台灣的景色真的很美。我長年在國外，也覺得自己的家鄉最美！」

她叫 Kelly。原本是化學大廠默克駐韓國的業務代表，能力佳，績效也很好。在亞洲區主管想要晉升她成為韓國業務主管時，她對主管說：「NO！」並選擇返國。Q 原本以為是「照顧父母」這一類的理由，畢竟她看起來應該還沒有小孩。

「不是的，是因為韓國社會太大男人了，而我們業務團隊幾乎都是男生。我一旦當上他們的主管，我自忖會很難帶。」真是一位智慧的女人。「而且，韓國帥的男生都是在螢光幕上，不像台灣男生，路上都可以看到帥的！」說這句話時，還有點靦腆。

天啊，有人快要劈腿了。這位女子不只人美、懂得緩和他那尷尬的心境，而且還會當著他的面稱讚台灣男生是帥的。「難道是在跟自己暗示什麼嗎？」Q 心裡想。

兩人相談甚歡。「游顧問，跟你聊天很愉快，但我台中站要下車了。」原來，她接下了公司負責台積電這個大客戶的業

務部門主管。也是，畢竟以她的能力，台積電才是重點。三星，一邊休息去。

最後的機會了，「這是我的名片，很高興認識妳。」Q遞出了名片，Kelly也給了名片。

「對不起，方便跟妳加個LINE嗎？也許以後可以……。」Q更進一步提出請求。

「當然！」不等Q說完，她就拿出手機。結果兩人手機並排，都處於要被加的狀態，各自也笑了出來。

「抱歉，我來掃妳好了。」於是Q進到掃描狀態，兩人也順利LINE在一起了。

「那就，拜拜囉！」Kelly帶著笑容，輕聲說著。

「嗯，很謝謝妳的紙巾，雖然沒有榮幸使用到。」

「也許下次有機會！」

「也許。」

就這樣，Kelly慢慢離開了他的視線了。

完了，他知道自己一見鍾情了。而且，Kelly對自己應該也有好感。Q判斷，她應該是未婚且單身。

有30分鐘，他處於胡思亂想的情緒中，嘴角還帶著微笑。眼看再半小時就要到站了，他立刻跳脫這奇幻夢境，回到現實繼續看資料。

到站後，Q立刻上了計程車：「司機大哥，我到鳳山。」之後就將精確地址給了司機。

25分鐘後。「到了，車資460元。」司機邊說、邊列印出

收據。

「這是 500 元，不用找了！」Q 照例給了小費。

「喔，謝謝、謝謝。祝老闆生意興隆！」司機大哥很開心。

雖是老朋友，但 Q 從沒來過這家公司。因此，辦理登記的警衛室是陌生的，一草一木也都是陌生的。他在走向辦公大樓時，特別仔細端詳眼前的一切。公司發展的很好，他很替老友開心。

秘書帶著他到被安排好的會議室裡，「請稍等，我請總經理過來。」

牆壁上掛著公司發展的沿革，以及一路上對公司發展有特殊意義的照片，他赫然發現自己也在其中一張照片裡。然後，門就開了。

「哇，游～顧～問～，10 年沒見面了，太高興了！」總經理就像是看到失散多年親人般，張開雙手，笑開懷地走向 Q。

「是啊、是啊，一晃眼居然就是 10 年。你看，我白頭髮又更多了！你保養得不錯喔，頭髮都是黑的！」兩人一見面就是又握手、又拍肩，彼此笑得合不攏嘴。

「等等，」總經理突然收起笑容，將臉靠近 Q 然後問：「你的眼睛為什麼紅紅的？」

「啊！」糟糕，被看到了。趕緊說：「有嗎？可能是昨天看資料看太晚了啦！沒事、沒事。」

「那就好。」總經理又展開笑容，「我偷偷跟你說，我是染髮的。我們工作這麼操，怎麼可能沒有白頭髮！」說完兩人都哈哈大笑。

坐定後，「這 10 年雖然沒見到面，但是我一直很關注你們公司的發展。前一陣子看到你接受媒體採訪，提到公司成功打入菲律賓、越南的市場。很了不起的成績。恭喜你！」Q 開心說著。

　　「唉呦，這沒什麼啦。跟你們越志在輔導的許多上市櫃公司相比，我們是小咖的啦！倒是我最近也常在媒體上看到你接受採訪。記者問你的那些管理議題在我看來都好複雜，卻看你輕鬆解析。讓我想到就像一些管理學院教授在做那個什麼……什麼……。」陳總一時說不上來。

　　「個案教學。」

　　「對、對，個案教學。欸，你好厲害喔。看來，這幾年累積下來，你已經是比陳如梅還厲害的大顧問囉。不過媒體報導好像都是跟新創有關的比較多吼！」

　　「過獎了啦，我會的也只是那一、兩招而已啦。你看到比較多是跟新創有關的報導是一定的啊，那些都是政府計劃的新創活動，需要媒體露出。中大型公司個別委託的顧問案就像黑盒子一樣，會見光死，這你知道的啊！」

　　現場有那種英雄惜英雄的味道散發出來。

　　「也是啦，就像這次我找你來談的，也不能讓同業知道。我看過媒體報導你在轉型這議題上發表過不少文章，知道你一定幫助過不少企業，希望你可以擔任這個案子的主持顧問。」

　　「謝謝你看得起啦。好啊，我們回到正題，」Q 將椅子向內拉，讓自己坐得更挺。

　　然後說：「這次又有什麼越志幫得上忙的呢，有恆兄？」

‖ 致謝 ‖

這本書的出版，要謝謝許多貴人。

首先，要謝謝悅智 20 年來的所有客戶。不論是在顧問專案合作長達 10 年以上，或僅僅是使用 2 小時約見的客戶，我都要衷心謝謝你們。我想，悅智及我一定做對了什麼，才可以讓一些客戶如此信賴，一再委託。由於你們的信任，我才可以深度參與貴公司的經營，也才能有充足的素材想像深入的內容。

除了客戶，我也要感謝悅智所有的顧問、同事及畢業校友，我從你們身上學到許多。你們在這些年來的所有協助與鼓勵，才讓我具備書寫這本書的勇氣。再來，謝謝所有當我提到正在寫書，就向我說「哇，你出書後我一定拜讀！」的朋友們。你們可能不知道這對寫書小白的我鼓勵有多大！

除了以上。我還想趁此機會謝謝幾位貴人。首先，是我的好友兼球友，也是飽覽群書的臺大化工系教授徐振哲。

2023 年 3 月某天，當我在桌球場上說要寫這樣的一本書時，

他立刻放下球拍說：「這真是一個好點子！」因為他一直對我18年來執行過的顧問案都很好奇，卻總是不得其門而入。

雖然期待，但另一方面，也很替我這位新手作家擔心。因為ChatGPT才剛橫空出世，他展示給我看：「你看，我只要跟它說要一本有趣的管理小說，分成12章，」接著他按Enter鍵：「就出來12章的主軸內容了。」他提醒我要加緊速度，「不然AI就會寫得比你快，寫完後也沒有人要看了。」離開研究室前還送我兩本暢銷書：「你就參考一下。」之後在球場上，一段時間就會督促我，讓我完全不敢鬆懈。

再來要感謝「問卷十傑」。2023年4月1日，我在寫了2章近3萬字內容後，寄發問卷給20位左右的朋友。有些人可能以為是愚人節的笑話，而有幾位口頭給我回饋，很謝謝他們。其中有10位認真給了我書面回饋，我也將這些意見納入後續撰寫的參考。他們是徐振哲（當然要！）、邱新斌、陳麗蘭、郭順利、林彥志、黃崇岳、徐步鯤、蔡呈欣、劉致宏、項維欣。其中還要另外再謝謝項維欣，她是管理學者，還推薦我看一本美國策略管理大師Jay Barney所合寫的小說《不只是件白襯衫》。看完後，我驚呼：「寫作風格怎麼跟我這麼像啊！」因為這本書，以後如果Barney教授要來跟我談授權這本書，我應該是會考慮的。

當著作完成，我就約了一位著作等身、也是教授的盧希鵬老師喝咖啡，尋求出版的建議。在我介紹完這本書後，他穿著白色運動涼拖，認真地跟我說：「這本書非常好。現在各大專

院校都在推創業計畫，這本書的書寫方式很適合當作教授的參考用書。」被暢銷書作家這麼一說，我的屁股都翹到天花板了。但喝了一口拿鐵後，話鋒一轉：「但，你心裡要有個底，去年書的銷售量，是前年的一半。現在的出版社比較不願意出版書籍了。」我心想：「生米已經煮成熟飯了，還能怎麼辦？」

這時候鄧炳成出現了。有天，他跟我說得了 Covid。看他關在家裡有點可憐，於是我就寄給他已經寫完的其中一章「轉型」。看完後，他遊說我，這本書應該在「早安財經」出版。於是在他的安排下，我就跟沈雲驄碰面。

因為平常就有聽「沈雲驄說財經」podcast，對沈並不陌生。見面時，他給我一個我常給創業家的建議：「要 focus ！」就像有些醫生沒有按照自己給病患的醫囑一樣，我也犯了創業家常見的毛病：「什麼都要做，什麼都想寫！」

一語驚醒夢中人後，我大幅調整書的內容。大約 1 個月後，我們又約碰面，很謝謝沈雲驄完整看過內容後，說出一段讓我信心大增的話：「這本書可以出！」當然，以他挑惕的個性，後面一定還有但書的。此時，也透過徐步鯤的介紹，跟商周出版總編輯聊過第一次了。

後來，在商周出版剛出書、同時也充滿熱情的芙彤園創辦人詹茹惠介紹下，跟何飛鵬社長第一次見面談這本書。30 分鐘後，何社長說：「我們希望可以邀請你在這裡出版。」至此，我也向沈雲驄說明此事。沈說：「商周出。他們有很豐富的資源！」我很謝謝沈雲驄，除了學識淵博，還大人有大量。

同時，我也很謝謝商周出版專業的編輯團隊。面對我這位管理顧問背景、很會雞蛋裡挑骨頭的作者，我就像是產出一份管理報告給客戶般，一再仔細檢查、修訂，想以最佳內容呈現給讀者。出版社也跟著我一再修訂、更改。其中書名就是一個明顯的例子。

　　說到書名，就要感謝我的一位好友陳欣華。他在文學上的造詣，是我在軍中服役時就很景仰的，他給了我許多建議。另一位要感謝的，是我工作上的夥伴，同時也是悅智負責人黃世嘉。他那永不放棄的擇善固執精神，感動了我這位出書小白。書名的決定，他有相當大的貢獻。

　　最後，我要感謝父母及岳父母在我寫作過程中給予的鼓勵，及我太太及兩個小孩的協助。寫作這 7 個多月，太太是初步內容的試讀者。在她忙碌之餘抽空試讀所提供的意見，是我精修內容的重要參考。而總是很有創意、我稱她為「美學生活家」的女兒，甚至還考慮幫我設計書中主角 Q 的圖像。兒子則是偶會給我一個詞，觸發我的靈感。對他們最不好意思的，是家裡的大白板。由於我習慣看全局，再看細部，因此我使用一個大白板架構本書內容的所有章、回後，再發展細部內容，來回修訂調整數十次。幾個月來，這個白板在家裡各處被我搬來搬去，佔據了家人的活動空間。現在書出版了，總算可以將家裡的空間釋放出來，回歸正常生活了。

國家圖書館出版品預行編目 (CIP) 資料

街頭商學院：企管顧問的江湖筆記 / 游森楨著 . -- 初版 . --
臺北市：商周出版：英屬蓋曼群島商家庭傳媒股份有限公
司城邦分公司發行 , 民 113.3 面；　公分

ISBN 978-626-390-080-6(平裝)

1.CST: 創業 2.CST: 企業經營 3.CST: 通俗作品

494.1　　　　　　　　　　　　　　113003264

新商業周刊叢書　BW0844

街頭商學院
企管顧問的江湖筆記

作　　　　者／游森楨
責 任 編 輯／陳冠豪
版　　　　權／吳亭儀、林易萱、江欣瑜、顏慧儀
行 銷 業 務／周佑潔、林秀津、賴正祐、吳藝佳、林詩富

總 編 輯／陳美靜
總 經 理／彭之琬
事業群總經理／黃淑貞
發 行 人／何飛鵬
法 律 顧 問／台英國際商務法律事務所
出 版／商周出版
　　　　　　台北市南港區昆陽街 16 號 4 樓
　　　　　　電話：(02)2500-7008　傳真：(02)2500-7759
　　　　　　E-mail：bwp.service@cite.com.tw
　　　　　　Blog：http://bwp25007008.pixnet.net/blog
發 行／英屬蓋曼群島商家庭傳媒股份有限公司城邦分公司
　　　　　　台北市南港區昆陽街 16 號 5 樓
　　　　　　書虫客服服務專線：(02)2500-7718・(02)2500-7719
　　　　　　24 小時傳真服務：(02)2500-1990・(02)2500-1991
　　　　　　服務時間：週一至週五 09:30-12:00・13:30-17:00
　　　　　　郵撥帳號：19863813　戶名：書虫股份有限公司
　　　　　　讀者服務信箱：service@readingclub.com.tw
　　　　　　歡迎光臨城邦讀書花園　網址：www.cite.com.tw
香 港 發 行 所／城邦（香港）出版集團有限公司
　　　　　　香港九龍九龍城土瓜灣道 86 號順聯工業大廈 6 樓 A 室
　　　　　　電話：(825)2508-6231　傳真：(852)2578-9337
　　　　　　E-mail：hkcite@biznetvigator.com
馬 新 發 行 所／城邦（馬新）出版集團【Cite (M) Sdn. Bhd.】
　　　　　　41, Jalan Radin Anum, Bandar Baru Sri Petaling,
　　　　　　57000 Kuala Lumpur, Malaysia.
　　　　　　電話：(603)9056-3833　傳真：(603)9057-6622
　　　　　　E-mail：service@cite.my

封 面 設 計／FE 設計　　　　　　內文排版／李偉涵
印 刷／韋懋實業有限公司
經 銷 商／聯合發行股份有限公司　電話：(02)2917-8022　傳真：(02) 2911-0053
　　　　　　地址：新北市新店區寶橋路 235 巷 6 弄 6 號 2 樓

■ 2024 年（民 113 年）3 月初版

Printed in Taiwan

定價／ 480 元（平裝）　　330 元（EPUB）
ISBN：978-626-390-080-6（平裝）
ISBN：978-626-390-083-7（EPUB）

城邦讀書花園
www.cite.com.tw